Visual Basic
程序设计应用教程

程学珍等　编著

北京航空航天大学出版社

内 容 简 介

Visual Basic 是 Microsoft 公司推出的面向对象的可视化程序设计语言,具有简单易学、功能强大的特点,是目前使用最广泛的程序设计语言。

本书结合作者多年的教学实践和编程经验,从最基本的程序设计基础知识开始,由浅入深、图文并茂、通俗易懂。重点介绍了 VB 面向对象的程序设计方法,进一步介绍了利用 VB 的可视化图形图像生成和处理功能、数据库管理功能、通信功能进行图像处理、串行通信等各种方法及应用程序的设计实现。

本书概念清晰、层次分明、实用性强,适用面广,可作为高等院校非计算机专业程序设计课程的教材,同时可作为电子信息工程、通信工程、自动化、遥感、地理信息、生物医学等专业的专业技术课程教材,也可作为成人教育相关专业的教材,还可作为有关技术人员和计算机爱好者的自学和参考教材。

图书在版编目(CIP)数据

Visual Basic 程序设计应用教程 / 程学珍等编著. --北京:北京航空航天大学出版社,2012.2
 ISBN 978-7-5124-0685-8

Ⅰ. ①V… Ⅱ. ①程… Ⅲ. ①BASIC 语言—程序设计—教材 Ⅳ. ①TP312

中国版本图书馆 CIP 数据核字(2011)第 276668 号

版权所有,侵权必究。

Visual Basic 程序设计应用教程
程学珍 等编著
责任编辑 金友泉

*

北京航空航天大学出版社出版发行

北京市海淀区学院路 37 号(邮编 100191)　http://www.buaapress.com.cn
发行部电话:(010)82317024　传真:(010)82328026
读者信箱:bhpress@263.net　邮购电话:(010)82316936

北京时代华都印刷有限公司印装　各地书店经销

*

开本:787×960　1/16　印张:18.25　字数:409 千字
2012 年 2 月第 1 版　2012 年 2 月第 1 次印刷　印数:4 000 册
ISBN 978-7-5124-0685-8　定价:30.00 元

若本书有倒页、脱页、缺页等印装质量问题,请与本社发行部联系调换。联系电话:(010)82317024

Visual Basic 程序设计应用教程

参编人员

程学珍　孙正凤　赵增顺　王秀芬

田　伟　刘　虎　卫阿盈　刘春林

前 言

随着计算机技术发展的日新月异,高等院校越来越重视培养学生利用计算机技术解决本专业及相关领域中实际问题的能力。Visual Basic 是 Microsoft 公司在 1991 年推出的第一个运行在 Windows 环境下的 Basic 语言。它既保留了 Basic 语言简单易学的特点,又充分利用了 Windows 提供的图形环境,在编程系统中引入面向对象的编程机制,把 Windows 编程的复杂性封装起来,为用户提供了全新的图形用户界面编程工具和环境。一直以来,VB 作为培养学生快速掌握并开发应用程序能力的首选入门语言。

在本教材中,不仅对 Visual Basic 程序设计做了详细介绍,同时还介绍了利用 VB 的图形功能、通信功能、数据库管理功能等进行图像处理、通信等的各种方法及实现过程。

教材主要分为两部分:

一是针对程序初学者。本书详细介绍了 Visual Basic 的基础知识,常用控件和程序设计方法,并通过丰富的案例给以说明,可作为学生程序设计语言的必修课教学内容。

二是针对已掌握了程序设计基本方法的学生,特别是工科院校的学生,需要解决工程实际问题:如图像的处理、数据库的操作和数据通信等。对此,本书介绍了 Visual Basic 高层次的内容,包括:数据库技术、VB 图形功能、串行通信等。特别针对图形图像处理技术,本书介绍了一些具体方法及算法,并以实例提供给读者,可以作为学生进行选修和自修的内容。

本书按照 40~60 学时编写,在使用过程中可结合专业特点,有选择地进行讲解。全书共分 10 章。第 1 章为 Visual Basic 程序设计概述,重点介绍 VB 的开发环境,面向对象程序设计的基本概念及程序设计的一般步骤;第 2 章为 Visual Basic 程序设计的基础知识,重点介绍 VB 中的语言元素、数据类型、常量与变量、内部函数及表达式;第 3 章为 Visual Basic 程序设计,重点介绍程序设计中的基本控制结构(顺序、选择、循环)、数组的应用;第 4 章为过程,重点介绍子过程、函数的定义与应用;第 5 章为常用控件及界面设计,重点介绍面向对象程序设计的方法,特别介绍了窗体、常用控件;第 6 章为 VB 绘图和处理功能,重点介绍如何利用 VB 绘图方法、图形控件实现绘图和图像处理功能;第 7 章为数据库应用基础,重点介绍数据库的基本概念,以及如何利用数据管理器、数据控件来访问数据对象;第 8 章为串行通信控制,重点介绍如何利用 Mscomm 控件实现 PC 机与外部设备之间的数据通信;第 9 章为应用,重点介绍几个应用案例的实现过程;第 10 章重点介绍了 Visual Basic 应用系统的开发集成,还着重介绍系统的封面制作、打包及安装。

本书由程学珍担任主编,并负责全书的统稿;孙正凤、赵增顺、王秀芳、田伟、刘虎、卫阿盈、刘春林担任副主编,并协助主编统稿。其中第 1 章由田伟编写,第 2 章由刘虎编写,第 3 章由

前 言

刘春林编写,第 4 章由卫阿盈编写,第 5 章和第 8 章由孙正凤编写,第 6 章由赵增顺编写,第 7 章由王秀芳编写,第 9、10 章由程学珍编写。研究生李旗、王成响参加了程序的调试工作。此外,本书参考了其他单位、同行所公开的有关文献,在此一并致以衷心的感谢。

由于编者水平有限,难免有疏漏和不当之处,欢迎广大读者和同行不吝指教。

编 者

2011.12

目 录

第 1 章 Visual Basic 语言设计概述 … 1

引 言 … 1

1.1 Visual Basic 语言的特点 … 2
    1.1.1 Visual Basic 简介 … 2
    1.1.2 Visual Basic 的特点 … 2

1.2 Visual Basic 程序的开发环境 … 4
    1.2.1 Visual Basic 6.0 的启动 … 4
    1.2.2 Visual Basic 6.0 的集成开发环境 … 5

1.3 面向对象的程序设计 … 10
    1.3.1 面向对象程序设计的概念 … 10
    1.3.2 对象的属性、事件和方法 … 11

1.4 Visual Basic 程序设计的一般过程 … 13
    1.4.1 VB 程序设计的一般步骤 … 13
    1.4.2 创建简单程序实例 … 15

本章小结 … 18

习 题 … 18

第 2 章 Visual Basic 程序设计的基础知识 … 19

引 言 … 20

2.1 语言元素 … 20
    2.1.1 字符集 … 20
    2.1.2 词汇集 … 20

2.2 数据类型 … 22
    2.2.1 基本数据类型 … 22
    2.1.2 用户自定义类型 … 24

2.3 常量与变量 … 25
    2.3.1 常 量 … 25
    2.3.2 变 量 … 26

2.4 常用内部函数 … 27
    2.4.1 数学函数 … 28

目 录

  2.4.2 字符串操作函数 ·· 29
  2.4.3 转换函数 ·· 29
  2.4.4 日期、时间函数 ·· 30
 2.5 运算符与表达式 ·· 31
  2.5.1 算术运算符和算术表达式 ··· 31
  2.5.2 字符串运算符和字符串表达式 ·· 32
  2.5.3 关系运算符和关系表达式 ··· 33
  2.5.4 逻辑运算符和逻辑表达式 ··· 34
  2.5.5 运算符的优先级 ·· 35
 本章小结 ·· 35
 习　题 ··· 36

第3章 Visual Basic 程序设计 ·· 37

 引　言 ··· 38
 3.1 顺序结构 ··· 38
  3.1.1 数据的输入 ··· 38
  3.1.2 数据的输出 ··· 40
 3.2 选择结构 ··· 44
  3.2.1 If 语句 ·· 44
  3.2.2 Select Case 语句 ·· 47
 3.3 循环结构 ··· 49
  3.3.1 For – Next 语句 ·· 49
  3.3.2 While – Wend 语句 ·· 51
  3.3.3 Do – Loop 语句 ·· 52
  3.3.4 退出循环语句 ··· 54
  3.3.5 循环嵌套 ·· 55
 3.4 数　组 ·· 56
  3.4.1 数组的定义 ··· 57
  3.4.2 数组元素的引用与赋值 ··· 58
 3.5 案例实训 ··· 61
 本章小结 ·· 65
 习　题 ··· 65

第4章 过　程 ……………………………………………………………… 67

引　言 ……………………………………………………………………… 68
4.1 Function 过程 ……………………………………………………… 68
4.1.1 Function 过程定义 ………………………………………………… 68
4.1.2 Function 过程建立 ………………………………………………… 69
4.1.3 Function 过程调用 ………………………………………………… 69
4.2 Sub 过程 …………………………………………………………… 71
4.2.1 Sub 过程定义 ……………………………………………………… 71
4.2.2 Sub 过程建立 ……………………………………………………… 72
4.2.3 Sub 过程调用 ……………………………………………………… 72
4.3 事件过程 …………………………………………………………… 74
4.3.1 事件过程定义 ……………………………………………………… 74
4.3.2 事件过程调用 ……………………………………………………… 75
4.4 参数传递 …………………………………………………………… 76
4.4.1 值传递 ……………………………………………………………… 76
4.4.2 地址传递 …………………………………………………………… 77
4.5 变量的作用域 ……………………………………………………… 78
4.5.1 过程级变量 ………………………………………………………… 78
4.5.2 模块级变量 ………………………………………………………… 80
4.5.3 全局变量 …………………………………………………………… 81
4.6 案例实训 …………………………………………………………… 81
本章小结 …………………………………………………………………… 84
习　题 ……………………………………………………………………… 85

第5章 窗体及常用控件 …………………………………………………… 87

引　言 ……………………………………………………………………… 87
5.1 窗体 ………………………………………………………………… 88
5.1.1 单文档界面 ………………………………………………………… 88
5.1.2 多文档界面 ………………………………………………………… 95
5.2 常用控件 …………………………………………………………… 97
5.2.1 基本输入、输出控件 ……………………………………………… 97
5.2.2 命令按钮 …………………………………………………………… 100
5.2.3 选择性控件 ………………………………………………………… 104

目录

  5.3 案例实训 ··· 113

 本章小结 ··· 121

 习 题 ·· 121

第 6 章 VB 图形绘制与图像处理 ·· 122

 引 言 ·· 123

 6.1 图形操作基础 ·· 123

  6.1.1 坐标系统 ·· 123

  6.1.2 线型与线宽 ·· 127

  6.1.3 填充与颜色 ·· 129

 6.2 用图形方法绘制图形 ·· 131

  6.2.1 Line 方法 ·· 131

  6.2.2 Circle 方法 ·· 133

  6.2.3 Cls 方法 ·· 135

  6.2.4 PSet 方法 ·· 135

  6.2.5 Point 方法 V ··· 136

 6.3 用图形控件绘制图形 ·· 137

  6.3.1 PictureBox 控件 ··· 138

  6.3.2 Image 控件 ··· 138

  6.3.3 Shape 控件和 Line 控件 ··· 140

 6.4 用图形方法处理彩色图像 ··· 141

  6.4.1 彩色图像处理基本技巧 ··· 141

  6.4.2 图像处理特效制作 ·· 144

 6.5 动画设计 ··· 150

  6.5.1 定时器 ·· 150

  6.5.2 动画实现 ·· 150

 6.6 案例实训 ··· 155

 本章小结 ··· 159

 习 题 ·· 159

第 7 章 数据库应用基础 ·· 160

 引 言 ·· 161

 7.1 Visual Basic 数据库应用程序结构 ··· 161

  7.1.1 数据库概述 ·· 161

7.1.2 关系型数据库(Relational DataBase) …………………………… 163
  7.1.3 VB 数据库应用程序的结构 …………………………………… 165
  7.1.4 VB 数据库应用程序开发步骤 ………………………………… 166
 7.2 数据管理器访问数据库 ……………………………………………… 167
  7.2.1 打开数据管理器 ………………………………………………… 167
  7.2.2 创建数据库 ……………………………………………………… 168
  7.2.3 维护数据库 ……………………………………………………… 170
 7.3 数据控件访问数据库 ………………………………………………… 170
  7.3.1 数据控件介绍 …………………………………………………… 170
  7.3.2 常用的数据绑定控件 …………………………………………… 172
  7.3.3 DBGrid 控件 …………………………………………………… 174
 7.4 ADO 数据访问 ………………………………………………………… 175
  7.4.1 ADO 数据控件 ………………………………………………… 175
  7.4.2 ActiveX 数据对象 ……………………………………………… 179
 7.5 案例实训 ……………………………………………………………… 185
 本章小结 ………………………………………………………………… 188
 习　题 …………………………………………………………………… 188

第 8 章　串行通信控制 ……………………………………………………… 189

 引　言 …………………………………………………………………… 189
 8.1 串行通信原理 ………………………………………………………… 190
  8.1.1 串行通信 ………………………………………………………… 190
  8.1.2 串行通信参数 …………………………………………………… 190
 8.2 串行通信控件 MSComm 控件 ……………………………………… 191
  8.2.1 MSComm 控件的引用 ………………………………………… 191
  8.2.2 MSComm 控件工作方式 ……………………………………… 192
  8.2.3 MSComm 控件串行通信格式 ………………………………… 192
  8.2.4 MSComm 控件的常用属性 …………………………………… 193
  8.2.5 MSComm 控件的事件 ………………………………………… 195
  8.2.6 利用 MSComm 控件进行串行通信 …………………………… 196
 8.3 案例实训 ……………………………………………………………… 199
 本章小结 ………………………………………………………………… 202
 习　题 …………………………………………………………………… 202

目录

第9章 应用案例 ………………………………………………………………… 203

引言 ……………………………………………………………………………… 203

案例9.1 设计工作备忘录 ……………………………………………………… 203
  9.1.1 设计要求 …………………………………………………………… 203
  9.1.2 设计目的 …………………………………………………………… 204
  9.1.3 设计步骤 …………………………………………………………… 205

案例9.2 下雪场景显示 ………………………………………………………… 212
  9.2.1 设计要求 …………………………………………………………… 212
  9.2.2 设计目的 …………………………………………………………… 212
  9.2.3 设计步骤 …………………………………………………………… 212

案例9.3 大学生竞选平台设计 ………………………………………………… 218
  9.3.1 设计要求 …………………………………………………………… 219
  9.3.2 设计目的 …………………………………………………………… 222
  9.3.3 设计步骤 …………………………………………………………… 222

案例9.4 俄罗斯方块 …………………………………………………………… 237

案例9.5 随机分形树的形成 …………………………………………………… 258

第10章 Visual Basic 应用系统开发及集成 ……………………………………… 262

引言 ……………………………………………………………………………… 262

10.1 应用系统封面的制作 ……………………………………………………… 262
  10.1.1 自然顺序法创建系统封面 ………………………………………… 263
  10.1.2 人工控制法创建系统封面 ………………………………………… 265

10.2 软件打包与安装 …………………………………………………………… 270
  10.2.1 软件打包 …………………………………………………………… 270
  10.2.2 程序安装 …………………………………………………………… 276

本章小结 ………………………………………………………………………… 278

习题 ……………………………………………………………………………… 278

附录 ASCII 码表 ………………………………………………………………… 279

参考文献 ………………………………………………………………………… 280

第 1 章 Visual Basic 语言设计概述

【本章教学目的与要求】
- 认识 Visual Basic，理解 Visual Basic 的特点
- 熟悉 Visual Basic 集成开发环境
- 理解类、对象、属性、方法、事件及事件过程的概念
- 掌握创建简单应用程序的步骤

【本章知识结构】

图 1.0 为 Visual Basic 语言知识结构的框图，以备读者对语言有一个深入的了解。

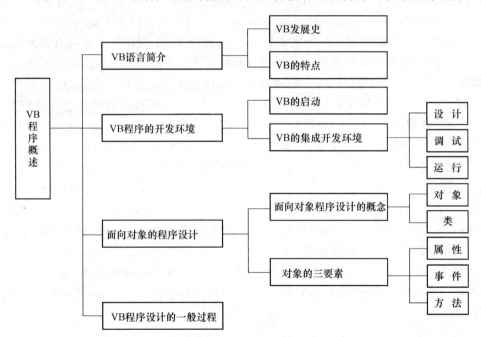

图 1.0 Visual Basic 语言知识结构的框图

引　言

计算机语言是用于人与计算机之间通信的语言，是人与计算机之间传递信息的媒介，其发

展经历了从机器语言、汇编语言到高级语言三个阶段。近年来高级语言发展迅速,其中 Visual Basic 是目前最受欢迎的程序设计语言之一,具有简单易学、开发界面友好等特点,可以方便地进行系统软件和应用软件的编写。本章主要介绍 VB 语言的发展和特点,面向对象程序设计的基本概念,通过简单的示例介绍建立 VB 应用程序的一般步骤。

1.1 Visual Basic 语言特点

1.1.1 Visual Basic 简介

Visual Basic 是美国微软公司推出的基于 BASIC 语言的可视化编程语言。1991 年微软推出了 Visual Basic 1.0 版,在当时引起很大的轰动。Visual Basic 1.0 版的功能非常简单,但却具有跨时代的意义,许多专家把 VB 的出现当作是软件开发史上的一个具有划时代意义的事件。在随后的四年内,微软不失时机地推出 VB 2.0、VB 3.0 和 VB 4.0 三个版本,并且从 VB 3.0 开始将 ACCESS 数据库驱动集成到 VB 中,使得 VB 的数据库编程能力大大提高。从 VB 4.0 开始,VB 引入了面向对象的程序设计思想,VB 4.0 功能强大,学习简单,引入了"控件"的概念,使得大量已经编好的 VB 程序可以被用户直接拿来使用。VB 5.0 提供了更多的面向对象支持的、允许开发人员创建的事件和接口,改进了类模块,支持创建自己的集合类、ActiveX 控件、进程内的 COM、DLL 组件以及在浏览器中运行的 ActiveX 文档。微软把 VB 6.0 作为 Visual studio 的一员发布,在其中加入了 ADO 数据访问模型,使大数据量快速访问成为可能,提高了 VB 对 n 层结构的分布式应用程序的开发能力,同时微软也为 VB 加入了开发 web 应用程序的能力。

VB 6.0 为了满足不同层次用户的需求,开发了学习版、专业版和企业版。学习版是为初学者提供的 VB 6.0 基础版本,其中包括所有的内部标准控件以及网络、表格和数据绑定控件;专业版除了学习版的全部功能外,还包括 ActiveX 控件、Internet 控件和 Crystal Report Writer 等开发工具,适用于专业开发人员;企业版则是 VB 6.0 的最高版本,它专为用户创建功能强大的分布式应用程序、高性能的客户/服务器应用程序以及 Internet/Intranet 上的应用程序而设计。

1.1.2 Visual Basic 的特点

1. 可视化编程

用传统程序设计语言设计程序时,都是通过编写程序代码来设计用户界面,在设计过程中看不到界面的实际显示效果,必须编译后运行程序才能观察。如果对界面的效果不满意,还要回到程序中修改。有时候,这种编程→编译→修改的操作可能要反复多次,大大影响了软件开发效率。Visual Basic 提供了可视化设计工具,把 Windows 界面设计的复杂性"封装"起来,开发人员不必为界面设计而编写大量程序代码。只需要按设计要求进行布局,用系统提供的工具,在屏幕上画出各种"部件",即图形对象,并设置这些图形对象的属性。Visual Basic 自动产生界面设计代码,程序设计人员只需要编写实现程序功能的那部分代码即可,从而可以大大提高程序设计的效率。

2. 面向对象的程序设计

VB 4.0 版以后的 Visual Basic 支持面向对象的程序设计,但它与一般的面向对象的程序设计语言(C++)不完全相同。在一般的面向对象程序设计语言中,对象由程序代码和数据组成,是抽象的概念;而 Visual Basic 则是应用面向对象的程序设计方法(OOP),把程序和数据封装起来作为一个对象,并为每个对象赋予应有的属性,使对象成为实在的东西。在设计对象时,不必编写建立和描述每个对象的程序代码,而是用工具画在界面上。每个对象以图形方式显示在界面上,都是可视的。Visual Basic 自动生成对象的程序代码并封装起来。

3. 结构化程序设计语言

Visual Basic 是在 BASIC 语言的基础上发展起来的,具有高级程序设计语言的语句结构,接近于自然语言和人类的逻辑思维方式。Visual Basic 语句简单易懂,其编辑器支持彩色代码,可自动进行语法错误检查,同时具有功能强大且使用灵活的调试器和编译器。

Visual Basic 是解释型语言,在输入代码的同时,解释系统将高级语言分解翻译成计算机可以识别的机器指令,并判断每个语句的语法错误。在设计 Visual Basic 程序的过程中,随时可以运行程序,而在整个程序设计好之后,可以编译生成可执行文件(.EXE),脱离 Visual Basic 环境,直接在 Windows 环境下运行。

4. 事件驱动编程机制

Visual Basic 通过事件来执行对象的操作。一个对象可能会产生多个事件,每个事件都可以通过一段程序来响应。例如,命令按钮是一个对象,当用户单击该按钮时,将产生一个"单击"(Click)事件,而在产生该事件时将执行一段程序,用来实现指定的操作。

在用 Visual Basic 设计大型应用软件时,不必建立具有明显开始和结束的程序,而是编写若干个微小的子程序,即过程。这些过程分别面向不同的对象,由用户操作引发某个事件来驱动完成某种特定的功能,或者由事件驱动程序调用通用过程来执行指定的操作,这样可以方便编程人员,提高效率。

5. 访问数据库

Visual Basic 具有强大的数据库管理功能,利用数据控件和数据库管理窗口,可以直接建立或处理 Microsoft Access 格式的数据库,同时 Visual Basic 还能直接编辑和访问其他外部数据库,如 dBASE、FoxPro 和 Paradox 等,这些数据库格式都可以用 Visual Basic 编辑和处理。

Visual Basic 提供开放式数据连接,即 ODBC 功能,可通过直接访问或建立连接的方式使用并操作后台大型网络数据库,如 SQL Server,Oracle 等。在应用程序中,可以使用结构化查询语言 SQL 数据标准直接访问服务器上的数据库,并提供了简单的面向对象的库操作指令和多用户数据库访问的加锁机制和网络数据库的 SQL 编程技术,为单机上运行的数据库提供了 SQL 网络接口,以便在分布式环境中快速而有效地实现客户/服务器(client/server)功能。

6. 动态数据交换(DDE)

利用动态数据交换(Dynamic Data Exchange),DDE 技术,可以把一种应用程序中的数据动态地链接到另一种应用程序中,使两种完全不同的应用程序建立起一条动态数据链路。当原始数据变化时,可以自动更新链接的数据。Visual Basic 提供了动态数据交换的编程技术,可以在应用程序中与其他 Windows 应用程序建立动态数据交换,在不同的应用程序之间进行通信。

7. 对象的链接与嵌入(OLE)

对象的链接与嵌入(Object Linking and Embedding,OLE)将每个应用程序都看做是一个对象(Object),将不同的对象链接(Link)起来,再嵌入(Embed)到某个应用程序中,从而可以得到具有声音、影像、图像、动画、文字等各种信息的集合式文件。OLE 技术是 Microsoft 公司对象技术的战略,它把多个应用程序合为一体,将每个应用程序看做是一个对象进行链接和嵌入,是一种应用程序一体化的技术。利用 OLE 技术,可以方便地建立复合式文档(Compound Document),这种文档由来自多个不同应用程序的对象组成,文档中的每个对象都与原来的应用程序相联系,并可执行与原来应用程序完全相同的操作。

8. 动态链接库(DLL)

Visual Basic 是一种高级程序设计语言,不具备机器语言的功能,对访问机器硬件的操作不太容易实现。但它可以通过动态链接库技术将 C/C++或汇编语言编写的程序加入到 Visual Basic 应用程序中,可以像调用内部函数一样调用其他语言编写的函数。此外,通过动态链接库,还可以调用 Windows 应用程序接口(API)函数,实现 SDK 所具有的功能。

1.2 Visual Basic 程序的开发环境

1.2.1 Visual Basic 6.0 的启动

Visual Basic 6.0 有多种启动方式:

(1) 利用"开始"菜单启动 VB　单击"开始→程序→Microsoft Visual Basic 6.0 中文版→Microsoft Visual Basic 6.0 中文版"。

(2) 双击桌面上的 Visual Basic 6.0 的快捷方式图标。

(3) 使用"Windows 资源管理器"或"我的电脑"寻找 Visual Basic 安装目录下的可执行文件。

(4) 使用命令行方式启动 VB　单击"开始→运行"菜单,在"运行"对话框中输入命令。例如:"c:\Program Files\Microsoft Visual Studio\vb98\vb6.exe",然后单击"确定"。进入 VB 6.0 后出现"新建工程"对话框,如图 1.1 所示。

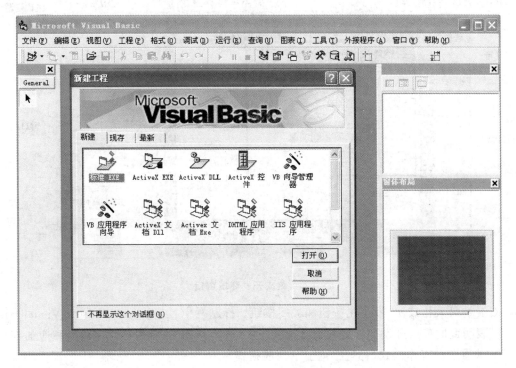

图 1.1　进入 VB 6.0 窗口

对话框中有三个选项卡,各选项卡的作用如下:

新建　建立新工程;

现存　选择和打开现有的工程;

最新　列出最近使用过的工程。

单击"新建→打开"按钮,即可创建默认的"标准 EXE"工程文件,也可以选择要创建的应用程序类型,单击"打开"按钮,即可创建相应类型的文件。

1.2.2　Visual Basic 6.0 的集成开发环境

VB 6.0 的集成环境与其他可视化编程语言环境类似,由标题栏、菜单栏、工具栏以及一些专用的窗口组成,集成开发环境窗口如图 1.2 所示。

1. 标题栏

标题栏位于 VB 6.0 程序窗口的最上端。同 Windows 界面一样,最左端是窗口的控制菜

第1章 Visual Basic 语言设计概述

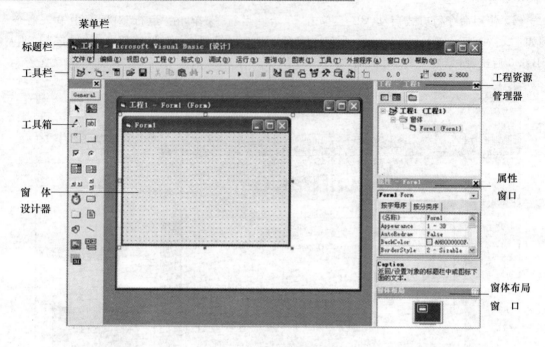

图 1.2 集成开发环境窗口

单框,右端是最大化按钮、最小化按钮和关闭按钮。标题栏中"工程1 - Microsoft Visual Basic [设计]"表明此时集成开发环境处在设计模式,进入其他状态时,括号内文字将做相应的变化。

VB 共有三种工作模式(标题栏内显示当前模式):

(1) 设计(Design)模式:创建应用程序的大多数工作都是在设计时完成的。在设计时,可以设计窗体、绘制控件、编写代码,并使用"属性"窗口来设置或查看属性设置值。

(2) 运行(Run)模式:运行应用程序,这时不可编辑代码,也不可编辑界面。

(3) 中断(Break)模式:应用程序暂时中断,这时可以编辑代码,但不可编辑界面。按 F5 键或单击"继续"按钮,程序继续运行;单击"结束"按钮,停止程序运行。在此模式下会弹出"立即"窗口,在窗口内,可以输入简短的命令,并立即执行。中断模式主要用于程序的调试。

2. 菜单栏

菜单栏中显示 Visual Basic 6.0 所有可以使用的命令,共包括 13 个下拉菜单。除了提供标准"文件"、"编辑"、"视图"、"窗口"和"帮助"菜单之外,还提供编程专用的功能菜单,例如"工程"、"格式"或"调试"。

3. 工具栏

工具栏的作用是在编程环境下提供对于常用命令的快速访问。除了标准工具栏外,VB 6.0 还提供了编辑、窗体编辑器、调试等专用的工具栏。

单击工具栏上的图标,就能执行该图标所代表的操作。要显示或隐藏工具栏,可以选择"视图"菜单中的"工具栏"命令。VB的工具栏可以任意的移动,能紧贴在菜单栏之下,也可以拖动至垂直条状紧贴在左边框上。如果将它从菜单下面拖开,则它能"悬"在窗口中。

4. 窗体窗口

窗体窗口也称为对象窗口、窗体设计器(默认为Form1,见图1.2),是建立VB应用程序的主要工作区域,用来生成应用程序的编程窗口,是放置其他控件的一个容器。窗体窗口的位置和大小可以随意调整。一个应用程序至少有一个窗体窗口,用户可在应用程序中拥有多个窗体窗口。如果一个应用程序中需要包含多个窗体,必须给它们不同的名称,也就是给它们赋予不同的Name属性,以免运行时发生错误。默认情况下窗体名分别为Form1、Form2、Form3……。

在设计状态下窗体是可见的,窗体的网格点间距可以通过执行"工具"菜单的"选项"命令,在"通用"选项卡中的"窗体设置网格"中输入具体的"宽度"和"高度"来改变。运行时可通过属性设置控制窗体的可见性。

5. 属性窗口

属性窗口(见图1.3)列出了当前选定对象(窗体和各种控件)的属性及相应的属性值,如大小、标题或颜色等。属性窗口由对象列表框、属性列表、属性显示排列方式选项卡和属性提示区四部分组成。

(1)对象列表框:单击右边的下拉按钮可打开所选窗体以及所包含的全部对象的名称。

(2)属性列表:列出所选对象的所有属性名称及其相应的默认属性值。属性列表分为左右两栏,左栏为属性名称列表,右栏为对应的属性值列表。用户可以选定某一属性,然后对该属性值进行设置或修改。

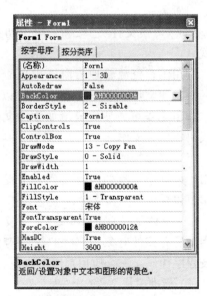

图1.3 属性窗口

(3)属性显示排列方式选项卡:有"按字母序"和"按分类序"两种属性排列方式,决定属性列表显示方式按字母排序还是按分类排序。

(4)属性提示区:当在属性列表框选取某属性时,在该区显示所选属性的含义。

在属性窗口中设置对象的属性操作非常方便,比如用户想把Form1窗口的背景颜色改为红色,单击Form1窗体将其选中,属性窗口中就显示Form1的相关属性。在属性列表中找到"BackColor"(背景色),单击右边的属性值,出现一个下拉式菜单,选择"调色板",此时便可以选择任意一种想要的颜色。

6. 工程资源管理器窗口（简称工程窗口）

工程资源管理器窗口（见图 1.4）用来显示一个应用程序中所有的组件（类似于浏览器），如工程、窗体、模块等。双击工程中的列表项，可以转换到相应的对象中去。如图 1.4 中的应用程序有两个窗体，分别为 Form1 和 Form2，此时要想对 Form2 对象进行操作，双击工程窗口中的 Form2 即可。

工程资源管理器窗口下面有三个按钮，分别为：

（1）"查看代码"按钮：用于切换到代码窗口，显示和编辑代码。

（2）"查看对象"按钮：用于切换到对象窗口，显示和编辑对象。

（3）"切换文件夹"按钮：用于切换文件夹显示的方式。

利用工程资源管理器窗口用户能够方便查看工程中的对象和文件。单击鼠标右键，可以显示一个快捷菜单。如图 1.4 可方便完成诸如添加文件、查看对象、查看代码等各种操作。

工程资源管理器下面的列表窗口，以层次列表形式列出组成这个工程的所有文件。工程资源管理器窗口中主要包含以下三类文件：

（1）窗体文件（.FRM 文件）——该文件存储窗体上使用的所有控件对象、对象的属性、对象相应的事件过程及程序代码。一个应用程序至少包含一个窗体文件。

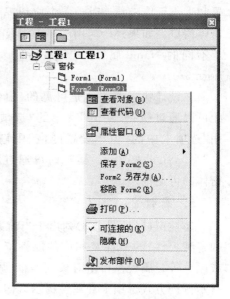

图 1.4　工程资源管理器窗口

（2）标准模块文件（.BAS 文件）——包含所有模块级变量和用户自定义的通用过程，通用过程是指可以被应用程序各处调用的过程。

（3）类模块文件（.CLS 文件）——可以用类模块来建立用户自己的类并进行类的实例化，创建类的对象，类模块包含用户对象的属性及方法，但不包含事件代码。

7. 工具箱

工具箱提供了一组工具，用于设计时在窗体中放置控件。系统启动后默认的 General 工具箱就会出现在屏幕左边，上面共有 1 个指针工具和 20 个常用的标准控件，如图 1.5 所示。

注意：工具箱中的指针不是控件，仅用于进行窗体和控件的移动和大小调整。

除了默认的工具箱布局之外，还可以从快捷菜单中选定"添加选项卡"并在结果选项卡中添加控件来创建自定义布局。添加选项卡的方法是：在工具箱上右击，选择快捷菜单的"添加选项卡"命令，输入新增栏的名字，如本例中添加为"新加控件"。

第1章 Visual Basic 语言设计概述

对添加的选项卡添加控件的方法是：在已有的选项卡中拖动所需的控件到当前选项卡，也可单击选项卡使其激活，再通过"工程→部件"命令来装入其他控件。

8. 代码编辑器窗口

代码编辑器窗口是输入应用程序代码的编辑器如图1.6所示。应用程序的每个窗体或代码模块都有一个单独的代码编辑器窗口。在设计模式中，通过双击窗体或窗体上任何对象或单击"工程资源管理器"窗口中的"查看代码"按钮来打开代码编辑器窗口。

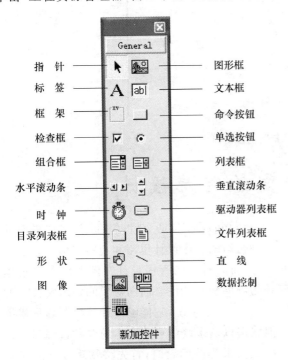

图1.5 工具箱窗口　　　　　图1.6 代码编辑器窗口

9. 对象浏览器窗口

对象浏览器窗口中列出了工程中有效的对象，并提供在编码中漫游的快速方法，如图1.7所示。可以使用"对象浏览器"查看在工程中定义的模块和过程，也可以查看对象库、类型库、类、方法、属性、事件及可在过程中使用的常数。

10. 窗体布局窗口

窗体布局窗口显示在屏幕右下角，是用来设置窗体在"屏幕"中的位置，这种设置将影响程序运行时窗体在屏幕的初始位置，这个窗口增强了Visual Basic的可视化功能，在多窗体应用程序中很有用，因为这可以指定每个窗体相对于主窗体的位置。

图 1.7 对象浏览器窗口

1.3 面向对象的程序设计

面向对象的程序设计(Object Oriented Programming,OOP)是 20 世纪 80 年代初提出的一种新的编程思想。面向对象程序设计代表了一种全新的程序设计思路和观察、表述、处理问题的方法,与传统的面向过程的程序设计方法不同,面向对象的程序设计在问题的求解过程中,力求符合人们日常自然的思维习惯,降低问题的难度和复杂性。面向对象问题求解关心的不仅仅是孤立的单个过程,而且还包含所有这些过程的整个系统,它能够使计算机逻辑来模拟描述系统本身,包括系统的组成、系统的各种可能状态以及系统中可能产生的各种过程与过程引起的系统状态切换。在用面向对象的思想解决现实世界的问题时,首先将物理存在的实体抽象成概念世界的抽象数据类型,这个抽象数据类型里面包含了实体中与需要解决的问题相关的数据和属性;然后再用面向对象的工具,如 VB 语言,将这个抽象数据类型用计算机逻辑表达出来,即构造计算机能够理解和处理的类;最后将类实例化就得到了现实世界的面向对象的映射——对象,在程序中对对象进行操作,就可以模拟现实世界中的实体上的问题并将其解决。面向对象方法的核心是类和对象。

1.3.1 面向对象程序设计的概念

在现实生活中,客观世界是由对象组成的,每一个实体就是一个对象,例如一栋楼、一座学校、一架飞机等都是一个对象。而一个对象有可能划分为多个子对象,如飞机由机翼、机身、尾翼、起落装置和动力装置等组成,这些部件也可以看做一个个对象。面向对象的程序设计思想把问题分解为对象而非过程,更接近于人们认识、分析和处理问题的思维过程。

在 VB 中,对象是基本的运行实体,可视为一个单元的代码和数据的组合,如控件或窗体。整个应用程序也可以是一个对象,它包括作用于对象的操作(方法)和对象的响应(事件)。所有的面向对象的程序都是由对象组成的,这些对象首先是自治的,同时它们还可以互相通信、协调和配合,从而共同完成整个程序的任务和功能。更确切地说,面向对象程序设计中的对象就是现实世界中某个具体的物理实体在计算机逻辑中的映射和体现。比如,电视机是一个具体存在的,拥有外形、尺寸、颜色等外部特性和开、关、频道设置等实在功能的实体,而这样一个实体,在面向对象的程序中,就可以表达成一个计算机可理解、可操纵、具有一定属性和行为的对象。

和对象有关的一个重要概念是类。类是同种对象的集合与抽象。在面向对象的程序设计中定义了类的概念来表述同种对象的公共属性和特点。下面以"汽车"为例,说明类与对象的关系。汽车是一个笼统的名称,是整体概念,可以把汽车看成一个"类",一辆辆具体的汽车(比如你的汽车)就是这个类的实例,也就是这个类的对象。从这个意义上来说,类是一种抽象的数据类型,它是所有具有一定共性的对象的抽象,而属于类的某一个对象则被称为是类的一个实例,是类的一次实例化的结果。类描述对象的"结构",而对象则是类的可用"实例"。每个实例都是其类的一个精确而又不同的副本。由于对象是类的一个"实例",所以创建对象的动作就称为"实例化"。在 VB 中,类是面向对象程序设计的基础,是用来定义对象的。在 VB 工具箱中每一个标准控件都是一个类,将控件添加到窗体上就创建了类对应的对象。如图 1.8 所示,工具箱中的命令按钮控件是按钮类,添加到窗体上的两个命令按钮是具体的按钮对象。

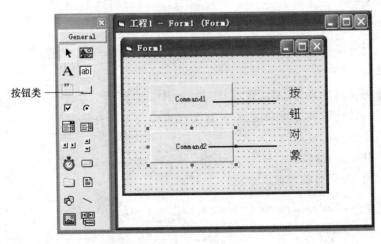

图 1.8 类与对象

1.3.2 对象的属性、事件和方法

对象可以视为一个单元的代码和数据的组合,在 VB 中,可把窗体、各种控件都看做对象。

第1章 Visual Basic 语言设计概述

每个对象都有自己的属性和方法,属性是用来描述和反映对象特征的参数,方法是对象执行一定的操作,事件是可被对象识别的动作。

日常生活中的对象,如小孩玩的气球同样具有属性、方法和事件。气球的属性包括可以看到的一些性质,如它的直径和颜色,以及其他一些描述气球状态的属性,如充气或未充气。气球还具有本身所固有的动作,如放气方法(排出气球中的气体)和上升方法(放手让气球飞走)。气球还有预定义的对某些外部事件的响应,例如,气球对刺破事件的响应是放气,对放手事件的响应是升空。再比如姓名、血型、身高和体重等是人的属性;行动、语言和思维是人的方法;外界对人的各种刺激是事件。

1. 属 性

属性是对象的特性,它们用来定义对象的特征(如大小、颜色或屏幕位置),或者对象的行为方式(如是否启用或可见)。如飞机作为一个对象,具有速度、载重量、型号和用途等属性,所有的飞机都有这些属性,对应的每个飞机都有属于自己具体的属性。在 VB 中,每个对象都有自己的属性和对应的属性值,例如,控件的名称(Name)、标题(Caption)、颜色(Color)、字体(FontName)等属性。

属性决定了对象展现给用户的界面、外观和具有的功能。若要更改对象的特征,可更改其相应的属性值。设置属性值,可以在设计阶段的属性窗口中进行,也可以在代码设计窗口中通过赋值语句完成。

格式:<对象名>.<属性名>=<属性值>

例如:Command1.Caption = "确定"

功能:给一个对象名为 Command1 的命令按钮的 Caption 属性赋值为"确定"字符串。

2. 方 法

方法是对象可执行的操作,即对象要执行的动作。对象的方法是 VB 程序设计语言为程序设计者提供的一种特殊的过程和函数,并封装起来作为方法直接调用,这给编程带来了很大的方便。对象方法的调用格式为

[对象.]方法[参数列表]

若省略了对象,表示当前对象。

例如:Form1.Print "welcome to Visual Basic world!"。

功能:使用 Print 方法在对象"Form1"窗体中显示"welcome to Visual Basic world!"

3. 事 件

事件是由对象识别的操作(如单击鼠标或按某个键),可以为其编写代码以进行响应。对每个对象来说,能够识别的事件是固定的,用户不能加以更改。对象的事件可以是用户触发,也可以是系统或应用程序触发。根据事件产生的来源,可分为鼠标事件、键盘事件和系统事件

三种。常见的鼠标事件有 Click(单击)、DblClick(双击)、MouseDown(鼠标按下)、MouseUp(鼠标释放)和 MouseMove(鼠标移动)五个事件;常见的键盘事件有 KeyDown(键按下)、KeyUp(键释放)和 KeyPress(按键)三个事件;常见的系统事件有窗体的 Load 和 Unload 事件等。当对象响应事件后就会执行一段程序代码,而执行的这段程序代码称为事件过程。事件过程的形式如下:

Sub　对象名_事件过程名［(参数列表)］　'(事件过程代码)
End　Sub

对象的方法和事件过程十分相似,它们都是要执行一段程序代码完成某种特定的功能,不同的是事件过程中的程序代码需要程序设计者自己编写,可以查看和修改,对象的方法是 VB 程序设计语言为程序设计人员提供的一种特殊的过程,设计者不能去查看和修改其中的程序代码。

1.4　Visual Basic 程序设计的一般过程

VB 程序设计语言是在视窗操作系统环境下进行设计和运行的,可充分利用视窗操作系统提供的开发环境和便利条件,下面介绍 VB 程序设计的基本步骤。

1.4.1　VB 程序设计的一般步骤

1. 创建工程

要建立应用程序,必须要先创建一个工程。建立新工程有两种方式:
① 通过"文件→新建工程→标准 EXE"工程类型来建立一个新工程。
② 启动 VB 后通过"新建工程→新建→标准 EXE"工程类型来建立一个新工程。

2. 设计应用程序界面

通过建立新的工程,就可以进入 VB 的集成开发环境。系统会自动生成一个应用程序的窗口,默认名称为 Form1。窗口的大小可以通过鼠标任意调整。对于简单的应用程序添加一个窗体就可以了,对于复杂的应用程序可能要需要多个窗体。应用程序界面主要是在窗体上进行设计,用户可以根据需要添加各种控件。

通过拖动操作和下面要介绍的属性设置,可以调整控件的位置和大小。通过"格式"菜单,还可以对窗体上控件的间隔、对齐方式、统一的尺寸等格式进行设置。对控件的"格式"进行操作,通常需要首先选定多个控件。其选定方法是使用鼠标拖动拉出一个矩形框,圈上要选定的多个控件;或者先按下 Shift 键,再单击鼠标选中多个控件。选定多个控件之后,就可以利用"格式"菜单对窗体上多个控件的格式进行调整。

3. 设计对象属性

属性用来表述对象的特性,各类对象都有自己特有的属性,通过设置属性可以决定对象的外观和相关数据,常用的属性有名称(Name)、标题(Caption)、颜色(Color)等。

设置对象的属性,首先要选中对象,然后在属性窗口的属性名称列表中找到要设置属性的属性值,也可以在代码设计器的程序代码中用赋值语句设置或修改属性:

<对象名>.属性名=<属性值>

例如:

Command1.Caption = "运行"   '设置命令按钮 Command1 的标题为"运行"
Text1.Text = "welcome to Visual Basic world!"   '设置文本框 Text1 的显示文本为"welcome to Visual Basic world!"

4. 编写程序代码

为对象设置属性后,为了实现对象在接受外界信息后做出的响应、信息处理等任务,就需要通过编写程序代码来实现。编写程序代码一般在 VB 的代码编辑器中完成,且需要遵循以下 VB 程序设计的书写规则:

- 每行程序不能超过 1023 个字符,一行结束按回车;
- 可以在一行里输入多条语句,但需用冒号将各语句隔开,如:

a = 34:b = 56:c = a + b

- 单条语句分若干行写时,需在行后加入下画线(续行符);
- 关键词之间,关键词与常量名、变量名之间用空格隔开;
- 除注释语句外,语句中的标点字符都必须是英文半角状态;
- 关键词不分大小写。

5. 保存工程

应用程序设计的基本工作完成后,需要进行的是程序的运行和调试等工作。在 VB 环境中开发的每个应用程序也称为工程,因此在运行和调试应用程序之前,应先保存工程。即将工程以文件的形式保存到磁盘上,这样可防止因运行程序发生死机或其他意外原因造成文件的丢失。保存文件时,只需要选择[文件]菜单中的保存工程或单击[保存工程]快捷按钮即可。在第一次保存工程时,会出现[文件另存为]对话框,提示首先保存窗体文件,窗体的默认名是 Form1,为了管理方便,可将其更名为自己容易理解的名字。接着屏幕出现[工程另存为]对话框,它用来保存工程文件,默认名是"工程 1",单击[保存]即可,工程文件的扩展名为.vbp。

6. 运行和调试程序

编写好的程序能否完成预期的功能,需要通过运行来检验。执行"运行→启动"命令运行程序,当出现错误时,VB 系统可提供相应的信息提示。对于出现的错误,利用 VB 提供的程序调试功能进行查找和修改,直到程序运行正确为止。

7. 编译工程生成可执行文件

程序设计完成之后,可以将工程编译生成,为了使程序可以脱离 VB 环境,可通过"文件"菜单中的"生成工程 1.exe"命令来生成可执行程序(.exe 文件),此后即可直接执行该文件。在生成可执行程序后,再通过安装向导将所有相关文件打包,就可以作为一个软件产品在 Windows 9X/2000/XP 环境下安装后独立运行。

1.4.2 创建简单程序实例

根据前面介绍的创建 VB 应用程序的步骤,下面通过介绍一个具体的示例来说明建立完整的 VB 应用程序的过程。

例 1-1 窗体界面由一个文本框和一个命令按钮组成。在设计时,文本框中为空白。在运行时,单击命令按钮"运行",文本框中会出现"This is my first program!",运行结果如图 1.9 所示。

图 1.9 例 1-1 的运行结果

1. 创建应用程序界面

(1) 创建窗体:启动 VB 6.0,在"新建工程"窗口选择新建一个"标准 EXE",会自动出现一个新窗体。

(2) 创建界面的控件:对于本例界面,使用工具箱中按钮(CommandButton)和文本框(TextBox)两个控件。在窗体中绘制文本框和按钮控件可以用以下两种方法:

① 单击工具箱中的 TextBox 控件,将鼠标指针移到窗体上。当鼠标指针变成十字线,拖动十字线画出合适大小的方框。

第 1 章 Visual Basic 语言设计概述

② 双击工具箱中的 TextBox 控件，系统在窗体中央自动创建一个尺寸为默认值的文本框，然后再调整位置和大小。

（3）调整和移动控件：用鼠标单击要调整尺寸的控件，将鼠标指针指向控件的边界，当出现尺寸柄时，拖动该尺寸柄直到控件大小适当即可，图 1.10 所示为调整后的窗体界面。

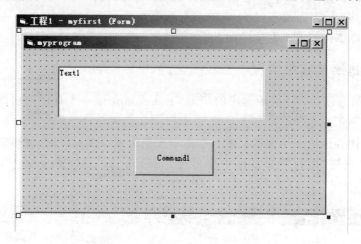

图 1.10　建立用户界面的对象

2. 设置属性

通过属性窗口为创建的对象设置属性。单击文本框，在"属性窗口"中出现文本框 Text1 所有属性，拖动属性列表滚动条，选定"Text"属性，删除默认的"Text1"属性值，使其为空白。单击窗体 Form1，在属性窗口中将"名称"属性值改为"myfirst"，将"Caption"属性改为"myprogram"。同样在按钮 Command1 的属性窗口中，将"Caption"属性值设置为"运行"。

本例中各控件对象的属性设置如表 1-1 所列。

表 1-1　属性设置

默认控件名	标题(Caption)	文本(Text)	名　称
Form1	myprogram	无定义	myfirst
Text1	无定义	空　白	无定义
Command1	运　行	无定义	无定义

设置后的用户界面如图 1.11 所示。

3. 编写代码

编写代码，实现鼠标单击命令按钮时，文本框中会出现"This is my first program!"。

（1）打开代码编辑器窗口：可以用以下两种方法打开代码编辑器：

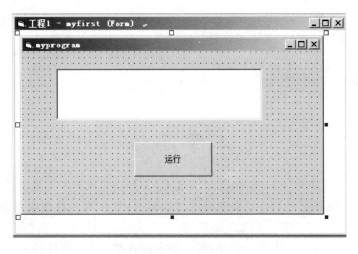

图 1.11　设置后的用户界面

① 双击要编写代码的命令按钮 Command1，系统打开代码编辑器，光标自动定位到并出现在如下代码行的中间：

Private Sub Command1_Click()
End Sub

② 右击命令按钮 Command1，在弹出的快捷菜单中，选择"查看代码"，也能实现与第一种方法相同的效果。

（2）事件过程的创建：代码窗口有对象列表框和过程列表框，要编写的代码是单击命令按钮时发生的事件，因此在对象列表框选择 Command1，在过程下拉列表中选择 Click（单击）按钮控件 Command1 后出现的代码编辑器窗口。在代码窗口中会自动生成下列代码：

Private Sub Command1_Click()
End Sub

其中，Command1 为对象名，Click 为事件名。单击 Command1 命令按钮时调用的事件。然后，在 Sub 和 End Sub 语句之间输入下列代码，使单击 Command1 按钮时 Text1 文本框中显示"This is my first program!"：

Text1.Text = "This is my first program!"

4．保存工程

使用"文件"菜单中的"保存工程"命令，在打开的"保存"窗体的对话框中输入窗体名"myfirst"，单击"保存"按钮；然后在弹出的"工程另存为"对话框中输入工程名"myfirst.vbp"，单击"保存"按钮，则完成工程的保存。

第1章 Visual Basic 语言设计概述

5. 运行应用程序

要运行程序可打开"运行"主菜单选择"启动"菜单项,也可以直接单击工具栏中的"启动"按钮。

运行程序,即显示用户界面,单击命令按钮"运行"(Command1),文本框中就会显示"This is my first program!"。

本章小结

本章简要介绍了 VB 的发展过程,详细描述了 VB 6.0 集成开发环境的各个组成部分及其在程序设计中的作用,这是进行 VB 程序设计的基础。VB 作为一种面向对象程序设计语言,本章重点阐述了面向对象的基本概念,如类、对象以及对象的属性、事件和方法。介绍了 VB 程序设计的基本步骤,通过一个简单的小程序,使学习者掌握 VB 程序设计的特点与方法。

习 题

1.1 简述 VB 的发展过程?
1.2 VB 集成开发环境的主要组成部分有哪些?简述各部分的功能。
1.3 在面向对象程序设计语言中,什么是类?什么是对象?对象和类有什么关系?
1.4 什么是对象的属性、事件和方法?
1.5 简述 VB 程序设计的基本步骤。
1.6 简述编写程序代码的一般书写规则。
1.7 编写一个程序:窗体界面由一个文本框和两个命令按钮组成,窗体的标题为 Hello。在设计时,文本框中为空白。对于 Command1 设置标题属性为"确定",Command2 设置标题属性为"退出"。在运行时,单击命令按钮"确定",文本框中会出现"欢迎进入 VB 世界!";单击命令按钮"退出",关闭窗口,结束程序运行。

第 2 章　Visual Basic 程序设计的基础知识

【本章教学目的与要求】
- 掌握 VB 的语言元素
- 掌握变量与常量的声明与应用
- 掌握运算符和表达式
- 掌握常用内部函数

【本章知识结构】

图 2.0 Visual Basic 程序设计的基础知识框图，以便读者对 Visual Basic 程序设计基础知识有一个深入的了解。

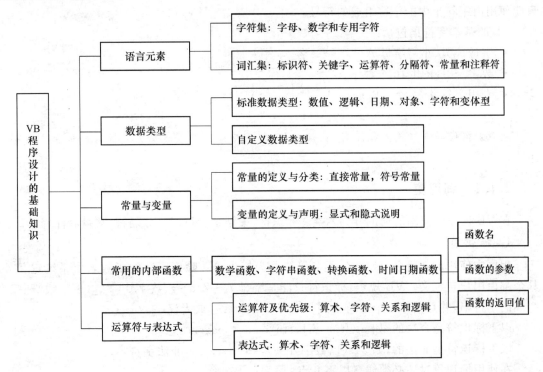

图 2.0　Visual Basic 程序设计的基础知识框图

第 2 章　Visual Basic 程序设计的基础知识

引　言

Visual Basic 程序语句是由常量、变量、函数及表达式构成的,所以常量、变量、函数和表达式构成 Visual Basic 程序的基本组件。本章重点介绍上述组件的基本知识,从而为以后的学习打下扎实的基础。

2.1　语言元素

2.1.1　字符集

字符是组成语言的最基本的元素。Visual Basic 语言字符集由字母、数字和专用字符组成。在字符常量、字符串常量和注释中还可以使用汉字或其他可表示的图形符号,在其他部分只能使用由字符集中的字符组成的符号。

VB 的基本字符集包括：
- 字母　大、小写字母 A~Z、a~z 各 26 个；
- 数字　0~9 共 10 个数字；
- 专用字符共 32 个　Space ! " ＃ ＄ ％ & ' ( ) * + , - . / : ; < = > ? @ [\ ] ^ _ { | } ~ 。

注意：在代码窗口输入程序时,除汉字外,其余符号只能以英文方式键入作为语言成分的字符。

2.1.2　词汇集

在 VB 程序中使用的词汇分为六类：标识符、关键字、运算符、分隔符、常量和注释符。

1. 标识符

程序中使用的变量名、函数名、类名等统称为标识符。除库函数的函数名由系统定义外,其余都由用户自定义。VB 规定,标识符只能是字母 A~Z、a~z、数字 0~9、_(下画线)和汉字组成的字符串,并且其第一个字符必须是字母、_(下画线)或者汉字。

以下标识符是合法的,如 myfirst,A1,stu_name,_pageno,姓名。
以下标识符是非法的,如 34s(以数字开头),stu－sex(有非法字符－)。
在使用标识符时还必须注意以下几点：
① 在 VB 标识符中,不区分大小写,例如 age 和 Age 是同一个标识符。
② 标识符命名尽量用英文表达出标识符的功能。变量命名要符合"匈牙利法则",即开头字母用变量的类型,其余部分用变量的英文意思或其英文意思的缩写,尽量避免用中文的拼

音,要求每个单词的第一个字母应大写,对于变量作注释时可紧跟在变量的后面说明变量的作用,例如用变量 cStudentName 代表学生的名字,用变量 cTeacherName 代表教师的名字;函数的命名应该尽量用英文表达出函数完成的功能,遵循动宾结构的命名法则,函数名中动词在前,例如用 DrawPicture 命名绘图函数的名字。

③ 标识符不能是 VB 的关键字。

2. 关键字

关键字是由 VB 语言规定的具有特定意义的字符串,程序员只能按系统已定义好的用法去使用,因此通常也称为保留字。

用于定义、说明变量、函数或其他数据结构的类型的说明符(如 Integer、Long、Single、Double、Currency、Byte、Boolean、Date、String、Variant、Object、Const、Public、Private、dim、Static、Global、Redim、Type、Enum 等)和用于语句定义的定义符(如 case、if、do 等)均为关键字。

3. 运算符

VB 语言中含有丰富的运算符。运算符与变量、函数一起组成表达式,表示各种运算功能。常用的运算符有 =、+、-、*、/、\、^、Mod、>、<、<>、>=、<=、&、And、Or、Not、Xor、Eqr、Imp 等。

4. 分隔符

VB 语言中采用的分隔符有逗号和空格两种,两者均需要在英文状态下输入。逗号主要用在类型说明和函数参数表中,用于分隔各个变量。空格多用于语句各单词之间作间隔符。在关键字、标识符之间需用一个以上的空格符作间隔,否则将会出现语法错误,例如把 Integer iStudentNum 写成 IntegerStudentNum,VB 编译器会把 IntegerStudentNum 当成一个标识符处理,其结果就会出错。

5. 常　量

常量,是相对变量而言,指在程序运行时内容不可再改变的量,VB 语言中使用的常量可分为数值常量、字符串常量、符号常量等多种,在后面章节中将专门给以介绍。

6. 注释符

注释是代码中的解释性词语,在屏幕上以 ' 字符引导。程序员使用注释来说明重要语句的作用。程序运行时 Visual Basic 并不执行这些注释,它们只是作为程序中的文档说明语句。在编写 Visual Basic 程序时,为了明确地表达正在完成的任务,将经常会使用注释。

添加注释,只要使用 rem 关键字或撇号(')作为文字的开头,注意用 rem 时必须使用冒号与前面语句隔开。注释可以和语句在同一行并写在语句的后面,也可占据一整行。

程序编译时,不对注释做任何处理。注释可出现在程序中的任何位置。在调试程序时,对暂不使用的语句也可用注释符括起来,待调试结束后再去掉注释符。

2.2 数据类型

数据是计算机程序的处理对象，几乎所有的程序都具有输入数据、处理数据和输出数据的处理过程。VB 语言根据实际需要，提供了各种数据类型。在程序中要用不同的方法来处理不同类型的数据。不同类型的数据所占的存储空间不同，选择使用合适的数据类型，可以优化程序的速度和大小。

2.2.1 基本数据类型

在 VB 中，数据类型可分为标准数据类型和自定义数据类型，标准数据类型是 VB 系统已经定义好的，主要有数值型、逻辑型、日期型、对象型、字符型、变体型等几种基本的数据类型，这些数据类型如表 2-1 所列。

表 2-1 基本的数据类型

数据类型		关键字	类型符	前缀	所占字节	范围
数值数据类型	字节型	Byte	无	Byt	1	0～255
	整型	Integer	%	Int	2	-32 768～32 767
	长整型	Long	&	Lng	4	-2 147 483 648～2 147 483 647
	单精度型	Single	!	Sng	4	负数：-3.402823E38～-1.401298E-45 正数：1.401298E-45～3.402823E38
	双精度型	Double	#	Dbl	8	负数：-1.79769313486232D308～-4.94065645841247D-324 正数：4.94065645841247D-324～1.79769313486232D308
	货币型	Currency	@	Cur	8	-922 337 203 685 477.580 8～922 337 203 685 477.580 7
逻辑型		Boolean	无	Bln	2	True 或 False
日期型		Date	无	Dtm	8	—
对象型		Object	无	Obj	4	任何 Object 引用
字符型		String	MYM	Str	1~65 535	
变体型		Variant	无	Vnt		—

1. 数值型数据

数值型数据用来表示数值，有大小、正负之分，可以是整数，也可以是实数。为了表示各种不同的数，VB 提供了 6 种数值型的数据类型：整型、长整型、单精度型、双精度型、货币型和字节型。

整型（Integer）和长整型（Long）数据用来表示整数数值的数据类型，整数在计算机中也称为定点数。

整型数据占用 2 个字节的存储空间,运算速度快,适用于表示不太大的整数,其表示范围为 $-2^{15} \sim 2^{15}-1$。可用类型符％表示整型数,如 5％。

长整型数据占用 4 个字节的存储空间,可用来表示比较大的整数,其表示范围为 $-2^{31} \sim 2^{31}-1$。要表示长整数需在数字后面加 &,如 23178&。

单精度型(Single)和双精度型(Double)数据用来表示实数,实数在计算机中又称为浮点数。

单精度型数据占用 4 个字节的存储空间,表示精度为 7 位有效数字,能够表示绝对值在 1.401298E-45~3.402823E38 之间的数值。单精度浮点数有三种表示形式:带小数点的数、在数字后加!和科学记数法,例如:3.14159,3.14159!,0.314159E+1。

双精度型数据占用 8 个字节的存储空间,表示精度为 15 位有效数字,能够表示绝对值在 4.94065645841247E-324~1.79769313486232E308 之间的数值。要表示双精度浮点数,只需在数字后加标识符♯,或在科学记数法中用 D 代替 E 即可,如:3.14159♯,0.314159D+1。

单精度型和双精度型数据能够表示的数值范围广,且表示数的精度高,在科学计算和工程设计中应用广泛;缺点是运算速度比整型数慢,在运算时会产生很小的误差。

货币型(Currency)数据主要用在货币计算中,这种场合对于精度的要求特别高。货币型数据占用 8 个字节的存储空间,表示精度最高可达 19 位有效数字,数值的表示范围为 -922 337 203 685 477.580 8~922 337 203 685 477.580 7。货币型数据是定点数,精确到小数点后面第 4 位,超过的部分自动四舍五入,整数部分最多 15 位。要表示货币型数,通常在数字后加@,例如:3.14159@表示货币型数据。

字节型(Byte)数据是一种无符号整型数,占用 1 个字节的存储空间,表示范围只能在 0~255 之间的正整数。字节型数据在存储二进制数时很有用。

2. 逻辑型数据

逻辑型数据(Boolean)没有大小和正负之分,只有 True(真)和 False(假)两个可能的值,用来表示两种状态的数据。

逻辑型数据占用 2 个字节的存储空间。若将逻辑型数据转换成数值型,则 True(真)为 -1,False(假)为 0,当数值型数据转换为逻辑型数据时,非 0 的数据转换为 true,0 转换为 false。

3. 日期型数据

日期型数据(Date)用来表示日期和时间,按 8 个字节的浮点数形式存储数据。日期型数据表示方式有两种:

(1) 以"♯"括起来的字面上被认为是日期和时间的字符,例如:♯06/10/2006♯、♯2006-06-10♯、♯June 1,2006♯、♯2006-06-15 13:30:15♯。

(2) 以数字序列表示。以数字序列表示时,小数点左边的数字代表日期(Date),小数点右边的数字代表时间(Time)。其中,0 为午夜 0 点、0.5 为中午 12 点,负数代表 1899 年 12 月 31 日之前的日期和时间。

4. 字符串型数据

字符串型数据(String)用来表示字符串,字符串可以包括所有的西文字符和汉字,字符串型数据必须用双引号括起来,如:"abc123",双引号为分界符,输入和输出时并不显示。

字符串中包含字符的个数称为字符串长度。长度为零的字符串称为空字符串。字符串可分为变长字符串和定长字符串两种,变长字符串的最大长度为 $2^{31}-1$ 个字符,定长字符串的最大长度为 65 535 个字符。

5. 变体型数据

变体型数据(Variant)是一种特殊数据类型,包含多种数据类型,其最终的类型由赋予的值来确定。变体型数据除了可以是基本数据外,还包含四个特殊的数据:

- Empty(空)　　　　表示尚未给定初始值的变体型数据
- Null(无效)　　　　表示无效数据。Null 通常用于数据库应用程序,表示未知数据或丢失的数据
- Error(出错)　　　表示在过程中出现错误时的特殊值
- Nothing(无指向)　表示数据还没有指向一个具体的对象

6. 对象型数据

对象型数据(Object)存储为 4 个字节的地址形式,该地址可引用应用程序中的对象。利用 Set 语句,声明为对象型数据的变量可以引用应用程序所识别的任何对象。

2.1.2　用户自定义类型

VB 不仅提供了以上系统定义的基本数据类型,而且还允许用户自己定义数据类型。
自定义类型必须通过 Type 语句来声明。
格式如下:

```
Type 数据类型名
    数据类型元素名    As    类型名
    数据类型元素名    As    类型名
    ⋮
End Type
```

其中,定义格式中的"数据类型名"是用户要自定义的数据类型的名称,命名规则与变量的命名规则相同;"数据类型元素名"也遵守变量命名规则(详见 2.3 节);"类型名"可以是任何基本的数据类型,也可以是用户已经自定义好的类型。

例如,定义一个有关学生信息的自定义数据类型,名为 students,该数据类型包含学生的

姓名、学号、性别、年龄四个信息。定义如下：

```
Type students
    Name  As  String * 8      '学生姓名
    NO    As  String * 5      '学号
    Age   As  Integer         '年龄
    Sex   As  Integer         '性别
End Type
```

定义 students 数据类型后，就可以在变量的声明中如同使用基本数据类型那样去使用该类型了。

2.3 常量与变量

常量是指在程序执行过程中，其值不发生改变的量，可以用来在程序中设置初值。在程序执行过程中，其值可以变化的量称为变量，用来存放临时数据。变量代表内存中指定的存储单元，存储单元在程序中可以根据需要赋予不同的数值，所以变量值是可以变化的。用户通过变量名来访问变量所对应的存储单元。

2.3.1 常 量

VB 中的常量有三种：普通常量、用户声明的符号常量和系统提供的内部常量。

1. 普通常量

普通常量是指在程序代码中，以直接明显的形式给出的数据，可以是数值型、日期型、字符串型和逻辑型的数值。

① 数值常量：即数学中的常数，如：456、3.14。

② 字符串常量：用双引号括起来的字符序列，如："欢迎使用 Visual Basic"、"ABCDE"。

③ 逻辑常量：只有两个值 True 和 False，如：True。

④ 日期常量：用于表示某一具体的日期和时间，可以有多种表示形式，但必须把日期和时间用符号 # 括起来，如：#07/07/2009#。

VB 在表示常量时，有时存在多义性，特别是表示数值型数据时。例如，常量 456.23 可能是单精度数，也可能是双精度数或货币型数，在默认情况下，VB 将选择需要内存最小的表示方法处理。因此，常量 456.23 默认作为单精度数处理。也可以通过显式指明常量数据类型的方法，在常量后面加上类型说明符，例如：123（整型）、123（长整型）、123.45（单精度）和 123D3（双精度）。

另外，在 VB 中除了可以表示十进制常数外，还可以表示八进制、十六进制的常数。

八进制常数：数值前加 & O，例如 &O123、&O456。

十六进制常数：数值前加 &H，例如 &H1234。

2. 符号常量

符号常量是用标识符表示的常量。符号常量名由字母、汉字、数字和其他一些字符构成，但必须以字母开头。符号常量经常用大写字母标识。

符号常量的定义形式如下：

［Public | Private］Const 符号常量名［As 数据类型］＝表达式

使用符号常量，既方便修改且不容易出错，又增加了程序的可读性。

3. 系统常量

除了用户通过声明创建符号常量外，VB 系统提供了应用程序和控件定义的常量，这些常量位于"对象浏览器"的对象库中，用户可以随时使用。例如系统定义的颜色常量如表 2-2 所列。

表 2-2 系统定义的颜色常量

颜色常量名	常量值	表示颜色	颜色常量名	常量值	表示颜色
VbBlack	&H0	黑色	VbBlue	&HFF0000	蓝色
VbRed	&HFF	红色	VbMagenta	&HFF00FF	洋红
VbGreen	&HFF00	绿色	VbCyan	&HFFFF00	青色
VbYellow	&HFFFF	黄色	VbWhite	&HFFFFFF	白色

2.3.2 变　量

在程序执行过程中其值可以改变的量称为变量。变量是程序中数据的临时存放场所，数据类型决定着变量可以存储的数据类型。变量可以保存程序运行时用户输入的数据、特定运算的结果等。

1. 变量的显式声明

在使用变量之前，大多数语言通常首先需要声明变量。也就是说，需要事先告诉编译器在程序中使用了哪些变量，及这些变量的数据类型以及变量的长度。定义格式如下：

声明符 变量名＞　［As 类型］

说　明：
- 声明符可以是 Dim、Private、Static、Public 等关键字。
- 变量名必选，并遵循变量的命名规则。
- 关键字 As 可选，定义变量的数据类型，默认该选项，默认为变体型数据类型。
- 当初始化变量时，数值型变量被初始化为 0，变长的字符串被初始化为一个零长度的字符串（""），而定长的字符串则用 0 填充，变体型变量被初始化为 Empty 值。

- 使用 Dim 在模块的声明部分中声明变量,对该模块中的所有过程都是可用的;如果在过程内部使用 Dim 声明变量,则只能在过程内使用。
- 使用 Private 不能在过程中声明变量,只能在模块的声明部分中声明模块级变量。
- 使用 Static 只能在过程级别中声明变量,声明的变量称为静态过程局部变量。
- 使用 Public 不能在过程中声明变量,只能在模块的声明部分中声明变量。使用 Public 声明的变量称为全局变量。

例　如:

```
Dim Str1 As String * 15        '声明一个字符串型变量可存放 15 个字符
Dim Str2 As String             '声明一个字符串型变量,其长度可变
Dim Sum As Integer             '声明一个整型变量
Dim Sngradius As Single        '声明一个单精度型变量
Dim Dblradius1 As Double       '声明一个双精度型变量
Dim BlnsexAs Boolean           '声明一个逻辑型变量
Static Str3 As String * 15     '在过程中声明一个静态字符串型变量
Public Str4As String           '在模块中声明一个全局字符串型变量
Private DtmQA As Date          '在模块中声明一个日期型变量
```

2. 变量的隐式声明

在 VB 中,变量可以不经声明而直接使用,称为隐式声明,此时该变量为变体类型变量。在变体类型变量中,可以存放任何类型的数据,如数值、字符串、日期和时间。虽然这种方法很方便,但常会导致难以查找的错误。如:

① 除非一行一行查阅整个过程,否则不容易搞清过程中到底使用了几个变量;
② 变量名拼错难以发现;
③ 局部变量与全局变量、模块级变量同名时易引发错误。

为了避免已有变量名写错而引起程序运行结果错误,可以在模块的声明段插入要求声明变量语句(该语句必须写在模块的所有过程之前):

```
Option Explicit
```

插入要求声明变量语句后,VB 强制显示声明模块中的所有变量,每遇到一个没有声明的变量,就会发出警告信息:"变量未定义",提醒程序员注意。

如果要 VB 在模块的开始部分自动插入要求声明变量语句,可以通过设置 VB 环境,让 VB 自动插入 Option Explicit 语句,具体操作如下:单击"工具→选项→编辑器",然后再选中"要求变量声明",最单击"确定"按钮。

2.4　常用内部函数

函数是一段用来表示完成某种特定的运算或功能的程序。Visual Basic 的内部函数是系

统预定义函数,可由用户直接调用。Visual Basic 函数的参数(即自变量)必须用括号括起来,并满足一定的取值要求。VB 提供的内部函数按功能分为数学函数、转换函数、字符串函数、日期函数和格式输出函数等,下面主要介绍其中常用的一部分,其他函数可参见 Visual Basic 的有关资料。以下叙述中,可用 N 表示数值表达式、C 表示字符表达式,凡函数后面有 MYM 符号,表示函数返回值为字符串。

函数的一般格式:

<函数名>([<参数表>])

说　明:

- 函数名是必须的,参数可以是常量、变量和表达式。参数可以是一个,也可以是多个,或者没有。
- 调用函数要注意参数的个数及其参数的数据类型。
- 要注意函数的定义域(自变量或参数的取值范围)。
- 要注意函数的值域(返回值)。

2.4.1　数学函数

数学函数是针对数学计算设置的,函数的参数和返回值都是数值型的,包括取整函数、三角函数、取绝对值函数及对数、指数函数等常用数学函数。这些函数具有很强的数学计算功能,方便用户完成各种数学运算,表 2-3 列出了常用的数学函数及举例。

表 2-3　常用的数学函数表

函数名	功　　能	举　例	结　果
Abs(N)	返回 N 的绝对值	Abs(−3.5)	3.5
Exp(N)	计算 e 的 N 次方,返回双精度数	Exp(3)	20.085 5
Log(N)	计算 e 为底的自然对数值,返回双精度数	Log(10)	2.302 585
Sqr(N)	计算 N 的平方根,返回双精度数	Sqr(4)	2
Sin(N)	计算 N 的正弦值,返回双精度数	Sin(0)	0
Cos(N)	计算 N 的余弦值,返回双精度数	Cos(0)	1
Tan(N)	计算 N 的正切值,返回双精度数	Tan(0)	0
Sgn(N)	返回自变量 N 的符号	Sgn(−5)	−1
Rnd([N])	产生一个 0~1 的单精度随机数	Rnd	0~1 单精度随机数

注　意:

- Rnd([N])函数返回 0~1(包括 0,但不包括 1)之间的单精度随机数,若要产生 10~100 的随机整数: Int(Rnd ∗ (100−10+1)+10)。为了保证每次运行时产生不同序列的随机数,在使用 Rnd 函数前,需执行 Randomize 语句。
- Sgn(N):即当 N 为负数时,返回-1;当 N 为 0 时,返回 0;当 N 为正数时,返回 1。
- 三角函数中的自变量是以弧度为单位,如:Sin(300),Sin(2.14159/180 * 30)。
- Sqr(N):返回 N 的平方根,如 Sqr(25)的值为 5,Sqr(2)的值为 1.414 2。此函数要求 N>0,如果 N<0 则出错。

2.4.2 字符串操作函数

在日常的编程中,有大量的文字处理操作,如字符串的查找、比较和大小字母的转换等。VB 提供了大量的字符串函数,常用的字符串函数如表 2-4 所列。

表 2-4 常用的字符串函数

函数名	功 能	举 例	结 果
LtrimMYM(C)	去掉字符串 C 左边的空白字符	Ltriml("ABCD")	"ABCD"
RtrimMYM(C)	去掉字符串 C 右边的空白字符	Rtriml("ABCD ")	"ABCD"
LeftMYM(C,N)	取字符串 C 左部的 N 个字符	Left("abcderfs",3)	"abc"
RightMYM(C,N)	取字符串 C 右部的 N 个字符	Right("abcderfs",3)	"rfs"
MidMYM(C,N1,N2)	从位置 N1 开始取字符串 C 左侧开始的 N2 个字符	Mid("abcderfs",2,3)	"bcd"
Len(C)	测试字符串 C 的长度	Len("abcderfs")	8
SpaceMYM(N)	返回 N 个空格	Space(2)	" "
InStr(C1,C2)	在字符串 C1 中查找字符串 C2,返回字符串 C2 首字母第一次出现的位置	InStr("abcdefg","Ag")	6
UcaseMYM(C)	把小写字母转换为大写字母	Ucase("abc")	ABC
LcaseMYM(C)	把大写字母转换为小写字母	Lcase("ABCD")	Abcd

2.4.3 转换函数

VB 提供了一组函数,可以将一些数据类型的数据转换成指定的数据类型。常用的转换函数如表 2-5 所列。

表 2-5 常用的转换函数

函数名	功 能	举 例	结 果
Hex[MYM](N)	十进制数转换为十六进制数	Hex(120)	78
Oct[MYM](N)	十进制数转换为八进制数	Oct(120)	170

续表 2-5

函数名	功 能	举 例	结 果
Asc(C)	显示 C 中第一个字符的 ASCII 码值	Asc("ABCD")	65
ChrMYM(N)	将 ASCII 码值转换成字符	CHR(65)	A
StrMYM(N)	将 N 的值转换为一个字符串	Str(120)	"120"
Val(C)	数值字符串转换为数值	Val("123b4")	123
Int(N)	返回小于或等于 N 的整数部分	Int(−8.6)	−9
Fix(N)	返回 N 的整数部分	Fix(−8.6)	−8
CInt(N)	返回 N 四舍五入的整型数	CInt(121.5)	122
CLng(N)	返回 N 四舍五入的长整型数	CLng(124.4)	124

注意：

- VB 中还有其他类型的转换函数，如 CCur、CDbl、CSng、CVar 等，详细功能请查阅帮助。
- Int(N) 截去 N(N 为数值表达式)的小数部分而返回剩下的整数，N 为负数时，返回小于或等于负数的第一个整数。
- Fix(N) 截去 N 的小数部分而返回剩下的整数，当 N 为负数时，返回大于或等于表达式值的第一个负整数。
- Val(C) 函数只将最前面的数字字符转换为数值，遇到非数字字符则停止转换。

2.4.4 日期、时间函数

VB 的日期与时间函数可以提取系统的日期和时间，为处理和日期、时间有关的操作提供了极大的方便。常用的日期与时间函数如表 2-6 所列。

表 2-6 常用的日期与时间函数

函数名	功 能	举 例	结 果
Date	返回系统当前的日期	Date	2010−5−10
Month(C/N)	返回当前的月份	Month("2010,05,10")	5
Year(C/N)	返回当前的年份	Year("2010,05,10")	2010
Now	返回系统当前的日期和时间	Now	2010−5−10 9:26:00
Day(C/N)	返回当前的日期值(1~31)	Day("2010,05,10")	10
Time	返回系统当前的时间	Time	9:26:00

2.5 运算符与表达式

在日常生活中，用户要对数据进行加减乘除等各种运算，同样，在计算机编程时，也要对各类数据进行运算。用来对运算对象进行各种运算的操作符号称为运算符，被运算的数据称为操作数，由多个运算对象和运算符组合在一起的合法算式称为表达式。和其他语言一样，VB也有丰富的运算符，有算术运算符、关系运算符、字符串运算符和逻辑运算符四种。

2.5.1 算术运算符和算术表达式

1. 算术运算符

算术运算符用来对数值型数据进行运算。算术运算符及其功能如表2-7所列。

表2-7 算术运算符及功能

优先级	算术运算符	运算
1	^	乘方
2	−	取负
3	*	乘法
3	/	除法
4	\	整除
5	Mod	求余数
6	+	加法
7	−	减法

在以上运算符中除(−取负)只需要一个操作数外，其余运算符均需要两个操作数。运算符左边的操作数称为左操作数，运算符右边的操作数称为右操作数。

例 如：

```
Dim  Result
Dim  Value
Value = 4 ^ 2              'Value 的值为 16
Value = − 4                'Value 的值为 − 4
Value = 4 * 2              'Value 的值为 8
Value = 7/3                'Value 的值为 2.3333333333
Value = 7\3                'Value 的值为 2
Result = 7 Mod 3           'Value 的值为 1
```

2. 算术表达式

用算术运算符和括号将操作数连接起来的符合 VB 语法规则的式子称为算术表达式。
例如：

```
Dim num As Integer
Dim ss As Integer
num = 6 * 5 + 2 ^ 3
ss = (num + 3) * (3 - 1)
```

注　意：

- 对于整除运算，如果操作数有小数部分，系统会自动进行四舍五入后再进行运算，结果如果有小数直接舍去，不进行四舍五入处理。
- 对于求余运算，如果操作数有小数部分，系统也会自动进行四舍五入后再进行运算；若被除数是负数，余数也是负数；若被除数是正数，余数也是正数。
- 对于乘幂运算，当底数是负数时，指数必须是整数；当底数是 0 时，指数必须是非负数。
- 表达式乘号不能省略，例如 A 乘以 B 应写为 A * B。
- 括号必须成对出现，并且使用圆括号。

2.5.2　字符串运算符和字符串表达式

1. 字符串运算符

字符串运算符有两个："&"和"＋"，其作用都是将两个字符串连接起来，合并成一个新的字符串。"&"会自动将非字符串类型的数据转换成字符串后再进行连接；而"＋"则不能自动转换，只有当两个表达式都是字符串数据时，才将两个字符串连成一个新字符串。
例　如：

```
" Hello"&"World"           '返回"HelloWorld"
"Check"&123                '返回" Check123"
"Check" + 123              '返回错误
```

2. 字符串表达式

字符串表达式由字符型常量、变量、函数和字符串运算符构成，返回值为字符串型。
例如：

```
Dim str1 As String
Dim str2 As String
str1 = "Hello, welcome to VB "
str2 =  str1 + "world!"              'str2 的值为"Hello, welcome to  VB world!"
```

注　意：
- 在使用"&"连接表达式时第一个表达式之后要加一个空格，否则系统将会把"&"认为是第一表达式的类型说明符，由此导致错误的出现。
- 如果参与连接的一个表达式为 Null 或者 Empty，那么将其作为长度为零的字符串处理。

2.5.3　关系运算符和关系表达式

1. 关系运算符

关系运算符是对两个数进行比较，能够参与关系运算的数据类型有数值型、字符型、日期型。关系运算符及功能如表 2-8 所列。关系运算的结果是逻辑型的值。当关系成立时，结果为 True；当关系不成立时，结果为 False。

表 2-8　关系运算符及功能

运算符	运算
=	等于
<>或><	不等于
>	大于
<	小于
>=	大于等于
<=	小于等于

2. 关系表达式

关系表达式是用关系运算符将各种能比较大小的常量、变量和表达式用关系运算符连接起来，关系运算的结果就是关系表达式的值。

例如：

```
Dim Blns1,myvar1,myvar2
myvar1 = 123
myvar2 = 254
Blns1 = (myvar1 = myvar2)              '返回 False
Blns1 = (myvar1<> myvar2)              '返回 True
Blns1 = (myvar1> myvar2)               '返回 False
   Myvar1 = "abcd"
   myvar2 = "ad"
Blns1 = (myvar1<> myvar2)              '返回 True
Blns1 = (myvar1> myvar2)               '返回 False
```

Blns1 = (＃2/6/2004＃ ＞ ＃2/1/2004＃)　　　返回 True

注　意：
- 数值型数据比较大小,按其数值大小进行比较。
- 字符串型数据比较大小,除在模块的声明段中包含 Option Compare Text 语句外,都遵循 ASCII 表的秩序,即大写字母比小写字母小,如:"A"<"a";字母依据字母表的顺序进行比较,如:"A"<"B";数字比字母小,如"3"<"Three"(如果在模块的声明段中包含 Option Compare Text 语句,则比较时大写字母与小写字母是相等的)。
- 字符串比较大小,从关系运算符左边字符串的第一个字符开始,逐一与右边字符串的对应位置的字符比较,最先发现不一样的字符彼此是什么关系,相应字符串之间就是什么关系。若两个字符串的长度不等,则短字符串可以采用尾部补空格的方法补齐。
- 数据类型不一致时,按照一定的规则进行数据类型转化再比较大小。

2.5.4　逻辑运算符和逻辑表达式

1. 逻辑运算符

逻辑运算符对操作数进行逻辑运算,运行的结果为逻辑型数据。当逻辑关系成立时,运算结果为 True;当逻辑关系不成立时,运算结果为 False。逻辑运算符及功能如表 2-9 所列。

表 2-9　逻辑运算符及功能

优先级	逻辑运算符	功　能
1	Not	逻辑非运算
2	And	逻辑与运算
3	Or	逻辑或运算
4	Xor	逻辑异或运算
5	Eqv	逻辑同或运算
6	Imp	逻辑蕴含运算

逻辑运算规则如表 2-10 所列。

表 2-10　逻辑运算

A	B	Not A	And	Or	Xor	Eqv	Imp
False	False	True	False	False	False	True	True
False	True	True	False	True	True	False	True
True	False	False	False	True	True	False	False
True	True	False	True	True	False	True	True

2. 逻辑表达式

逻辑表达式是用逻辑运算符将逻辑型常量、变量、函数连接而成的表达式。如果是对两个数值型的表达式进行逻辑运算,则对数值中位置相同的位进行逐位逻辑运算。

例　如:

```
Dim Str1 = "China"
Dim Str2 = "Japan"
Dim Str3 = "America"
Dim Sum1 = 123
Dim Sum2 = 254
Dim myBln As Boolean
MyBln = Str1＞Str2                      '返回 False
MyBln = Str1＞Str2 or Str3              '返回 True
MyBln = Str1＞Str2 or Str3＞Str2        '返回 False
MyBln = Sum1＞Sum2                      '返回 False
```

2.5.5　运算符的优先级

在对一个表达式进行运算操作时,每一步操作都要按照一定的先后顺序进行,这个顺序称为运算符的优先级。

运算符优先级的规则为

① 当一个表达式中的运算符不止一种时,优先级为:算术运算符＞字符串运算符＞关系运算符＞逻辑运算符。

② 所有的关系运算符的优先级都相同,按照"左结合"顺序。

③ 对于算术运算符而言,顺序为:乘幂运算＞负数运算＞乘除运算＞整除运算＞求余运算＞加减运算。

④ 对于逻辑运算符而言,顺序为:非运算＞与运算＞或运算＞异或运算＞同或运算＞蕴含运算。

注　意:

对于多种运算符并存的表达式,可用圆括号改变优先级。

本章小结

本章首先介绍了 VB 语言中的基本字符集、词汇集和基本数据类型,并详细介绍了常量、变量、运算符、常用内部函数和表达式的基本概念和使用方法。常量、变量、运算符、常用内部函数和表达式是构成 VB 程序设计语言的基本元素,也是学习 VB 程序设计语言的重要基础。

第 2 章　Visual Basic 程序设计的基础知识

习　题

2.1　判断题

1. 123 表示整型数据,123& 表示长整型数据。
2. 逻辑型数据的值只有 True 与 False 两个值,非零为 True,0 为 False。
3. 用 Dim 语句声明变量时,VB 系统不仅为变量分配相应数据类型的内在空间,而且还为变量赋所需的初值。
4. 用 Const 语句定义的符号常量的名字必须用大写字母构成。
5. 在＋,＊,^,Mod 四个运算符中,运算符 ＊ 的优先级最高。
6. 在 VB 中,运算符"/"与"\"都是除法运算符,所以表达式 5/2 与 5\2 的结果一样。
7. 在 Not、Or、And 三个运算符中,运算符 And 的优先级最高。
8. 函数 Mid("abc123",3,3)的返回值为 c12。

2.2　问答题

1. VB 语言的基本数据类型有哪几类?
2. 常量与变量的含义是什么? 在使用时两者有什么区别?

第 3 章 Visual Basic 程序设计

【本章教学目的与要求】
- 熟练掌握数据输入/输出控制
- 熟练掌握三种基本结构：顺序结构、选择结构和循环结构
- 熟练掌握顺序结构程序设计
- 熟练掌握选择程序设计
- 熟练掌握循环设计
- 掌握数组的定义及应用

【本章知识结构】

图 3.0 Visual Basic 程序设计的知识结构以便读者对 Visual Basic 程序设计有个深入了解。

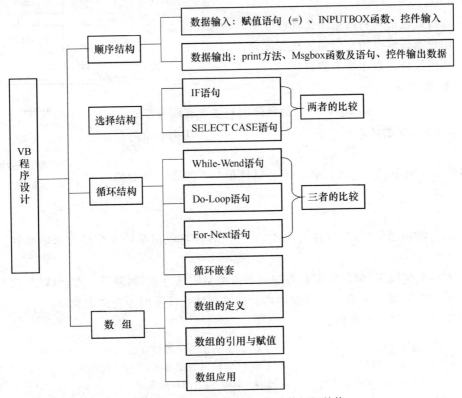

图 3.0　Visual Basic 程序设计的知识结构

第 3 章　Visual Basic 程序设计

引　言

面向对象程序设计虽然采用事件驱动编程机制，但是在设计事件过程时，对过程的流程还要进行控制，这样仍需遵循结构化程序设计方法。执行过程流程控制有三种结构：顺序结构、选择结构和循环结构。本章将对这三种结构做详细介绍，同时介绍数组的应用。

3.1　顺序结构

顺序结构是最简单的一种控制结构，其功能模块按照顺序从上至下执行，执行流程示意图如图 3.1 所示。顺序结构采用单进单出的设计原则，计算机按顺序依次执行程序中的每条语句。

3.1.1　数据的输入

数据输入是用户向应用程序提供数据的主要途径。数据输入有多种方法：

- 通过赋值语句将数据固化到程序中；
- 用户通过键盘为变量输入动态数据；
- 利用控件向程序输入数据。

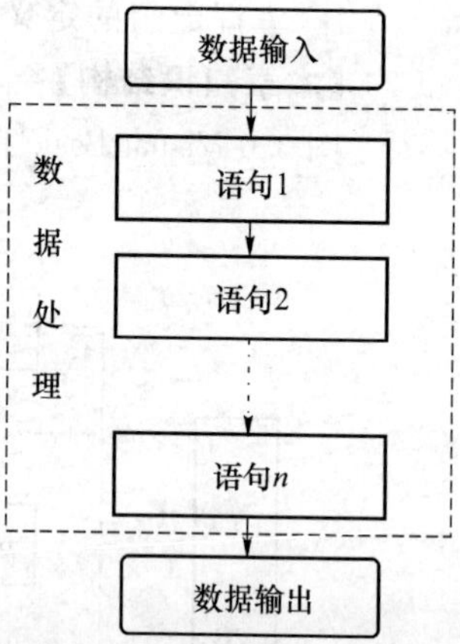

1. 赋值语句

赋值语句是最基本的语句，VB 的赋值语句主要有两种形式：

格式 1：＜变量名＞＝＜表达式＞　　　功能：给内存变量赋值；

格式 2：［对象名］.＜属性名＞＝＜属性值＞　功能：给对象的属性赋值。

图 3.1　顺序结构流程示意图

说　明：

① 执行赋值语句时，先计算表达式的值，然后再将该值赋给相应的变量或属性。因此赋值语句具有运算功能。

② 在一般情况下，赋值号左右两端的数据类型应该一致，如果不一致，则以赋值号左边的数据类型为准，即赋值号右边的数据类型会被强制转换成赋值号左边的类型。

例 3-1　赋值语句举例。

```
str1 = "青岛"                '变量 str1 的值为字符串常量
str2 = str1&"欢迎你!"         '变量 str2 的值为变量 str1 与字符串常量连接值
date1 = #08/08/2008#         '变量 date1 的值为日期常量
```

```
m = sqr(x^2 + y^2)              '变量 m 的值为平方根函数值
text1.text = "Welcome to Qingdao!"   '文本框控件显示内容为:Welcome to Qingdao!
caption = "vb example"          '对象名省略,则默认对象为当前窗体,当前窗体的标题设置为:
                                 vb example
```

2. Inputbox 函数

格式:Inputbox[MYM](<提示信息 MYM>[,标题 MYM][,默认值 MYM][,X%][,Y%])。

功能:产生一个对话框作为数据输入界面,等待用户输入数据,并返回所输入的内容。

说 明:

① 提示信息为必选参数和字符串型,用于显示对话框内的提示信息,其长度大约 1 024 个字符;

② 标题为可选参数,字符串型,在对话框顶部的标题区显示文本;若省略,对话框标题区为空白。

③ 默认值可选参数,字符串型,作为对话框的默认输入值;若省略,则对话框输入区显示内容为空白。

④ X、Y 可选参数,整数型,用于确定对话框在屏幕上的位置。X:表示对话框左边框距屏幕左边界的距离,Y 为对话框上边框距屏幕上边界的距离。其单位为:twip(1 440twips=1 英寸)。若省略这两个参数,则 VB 自动将对话框显示在水平方向居中,垂直方向距下边界 1/3 处。

⑤ 当省略 Inputbox 函数尾部的"MYM"时,Inputbox 函数返回一个数值,此时,不能输入字符串;若不省略"MYM",则函数返回一个字符串。

⑥ 各项参数次序必须一一对应,除了"提示信息"参数外,其他的参数均可以省略。若省略参数表中间的某项,则必须用","分隔开。例如:省略标题项,则函数格式应为:Inputbox("输入字母:",,"a")。若省略某参数项后面的其他参数则不需用","分隔。

例 3-2 建立两个对话框(见图 3-2 和图 3-3),分别输入学生的姓名、年龄。

```
Private Sub Form_click()
    pmsgMYM = "Inputbox 函数应用举例"
    snameMYM = InputBoxMYM("请输入学生姓名:", pmsg)    '执行此语句,弹出对话框见图 3.2
    sage%    = InputBox("请输入学生年龄:", pmsg)       '执行此语句,弹出对话框见图 3.3
    Print sname, sage
End Sub
```

3. 利用控件输入数据

利用控件,如文本框、组合框、单选按钮和复选框等,可以向程序输入动态数据,这在面向对象程序设计中是一种最常用的数据输入途径。控件的应用详见第 5 章。

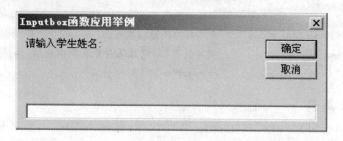

图 3.2　例 3-2 的输入对话框(姓名)

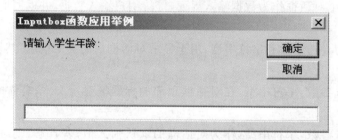

图 3.3　例 3-2 的输入对话框(年龄)

3.1.2　数据的输出

数据的输出是指应用程序将程序运行结果或其他信息提供给用户。数据的输出主要有以下途径：

- 使用 print 方法。
- 使用 Msgbox 函数和 Msgbox 语句输出。
- 利用控件输出数据。

1. print 方法

格式：［对象名.］print［表达式列表］。

功能：将表达式中的结果输出到窗体、图片框或打印机上。

说明：

对象名包括窗体(Form)、图形框(PictureBox)或打印机(Printer)等。若省略，默认对象为当前窗体。例如：

```
Form1.print           "在窗体上输出数据"
Picture1.print        "在图片框中输出数据"
Printer.print         "将数据输出到打印机"
```

输出项中含有多个表达式时，表达式之间需用","或";"分隔开，","表示标准式输出，即各输出项按固定位置输出;";"表示紧凑式输出，即各输出项紧接着输出。若最后一个输出项后面无","或";",则下一个 print 将换行输出,否则不换行。

例3-3 print 方法应用举例。

```
Private Sub Form_click()
    a = 1: b = 2: c = 3: d = 4
    Print "a = "; a, "b = "; b, "c + d = "; a,
    Print                '换行
    Print "c + d = "; c + d, "d 的平方根为"; Sqr(d)
End Sub
```

运行结果,如图 3.4 所示。

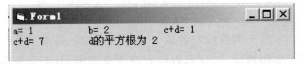

图 3.4 例 3-3 运行结果

2. Msgbox 函数和 Msgbox 语句

Msgbox 函数格式:Msgbox(<提示信息>[,按钮][,标题])

Msgbox 语句格式:Msgbox <提示信息>[,按钮][,标题]

功能:以对话框的形式输出简单信息,等待用户选择一个按钮。Msgbox 函数返回所选按钮的整数值(按钮的对应值见表 3-2),可以作为程序下一步执行的依据;若不需返回值,可选用 Msgbox 语句。

说 明:

① 提示信息为必选参数和字符串型,用于显示对话框内的提示信息,其长度≤1024;若包含多行,可以在各行之间使用回车符(Chr(13))、换行符(Chr(10))或回车/换行符的组合(Chr(13) & Chr(10))分隔各行。

② 按钮:数值表达式,用来控制在对话框内显示按钮、图标的种类及数量。该参数的数值由三类数值相加产生。具体分类情况见表 3-1。

表 3-1 Msgbox 函数对话框中按钮、图标样式的值

分类	成员(符号常量)	值	说明
按钮的类型与数目	VbOKOnly	0	只显示"确定"一个按钮
	VbOKCancel	1	显示"确定"和"取消"两个按钮
	VbAbortRetryIgnore	2	显示"中止"、"重试"和"忽略"三个按钮
	VbYesNoCancel	3	显示"是"、"否"和"取消"三个按钮
	VbYesNo	4	显示"是"和"否"两个按钮
	VbRetryCancel	5	显示"重试"和"取消"两个按钮

续表 3-1

分 类	成员(符号常量)	值	说 明
图标的样式	VbCritical	16	显示图标 ✖
	VbQuestion	32	显示图标 ?
	VbExclamation	48	显示图标 !
	VbInformation	64	显示图标 i
默认活动按钮	VbDefaultButton1	0	默认第一个命令按钮是活动按钮
	VbDefaultButton2	256	默认第二个命令按钮是活动按钮
	VbDefaultButton3	512	默认第三个命令按钮是活动按钮

按钮参数由表 3-1 中的三类数值中各取一个相加而得。每组最多只能取一个值,在取值时,尽量用符号常量而不要用数值,这样可以使程序含义清晰,从而保证程序的正确性。例如:对话框上显示两个按钮:"是"、"否",? 图标,默认活动按钮为"是",则该参数为:4+32+0=36 或者用符号常量表示,即 VbYesNo + VbQuestion + VbDefaultButton1,此函数可写作:
MsgBox("执行此操作可能造成无法修复的错误,要继续吗?",36,"错误提示")或者写作:
MsgBox("执行此操作可能造成无法修复的错误,要继续吗?",VbYesNo + VbQuestion + VbDefaultButton1,"错误提示")

显示的对话框如图 3.5 所示。

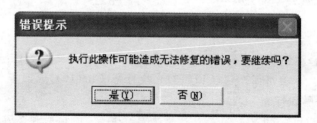

图 3.5　MsgBox 函数的应用

③ 标题为对话框标题栏的内容,若省略,则默认的标题为:Microsoft Visual Basic。
④ MsgBox 函数返回值为整数,该数值对应着用户所选择的按钮。MsgBox 函数返回值见表 3-2。

表 3-2　MsgBox 函数返回值

返回值	符号常量	按钮操作
1	VbOk	选择"确定"(Ok)按钮
2	VbCancel	选择"取消"(Cancel)按钮

续表 3-2

返回值	符号常量	按钮操作
3	VbAbort	选择"终止"(Abort)按钮
4	VbRetry	选择"重试"(Retry)按钮
5	VbIgnore	选择"忽略"(Ignore)按钮
6	VbYes	选择"是"(Yes)按钮
7	VbNo	选择"否"(No)按钮

例 3-4 编程实现将任意的一个三位正整数逆转输出(例如输入 123,输出 321)。事件过程如下：

```
Private Sub Form_Click()
    Dim x As Integer, a As Integer, b As Integer, c As Integer    '声明 x、a、b、c 为整型变量
    x = InputBox("请输入要逆转的数据(3 位数)：")
    c = x \ 100                                                    '计算百位数
    x = x Mod 100                                                  '计算十位和个位数
    b = x \ 10                                                     '计算十位数
    a = x Mod 10                                                   '计算个位数
    x = a * 100 + b * 10 + c                                       '逆转后赋值变量 x
    MsgBox ("逆转后数据为：" + str(x))                             '输出计算结果
End Sub
```

程序运行,单击窗体,弹出如图 3.6 所示的输入数据窗口,输入需要转化的数据,输入数据后单击"确定"按钮,MsgBox 函数显示如图 3.7 所示。

图 3.6 输入对话框

图 3.7 例 3-4 程序运行结果

3. 利用控件输出数据

利用控件,如 文本框、表格、图片框等,可以在人机界面输出数据,这在面向对象程序设计中也是一种最常用的数据输出途径。控件的应用详见第 5 章。

3.2 选择结构

选择结构是根据条件实现程序分支的控制结构。在选择结构中含有判断条件,根据判断条件的取值对程序的流程进行控制。选择结构的执行流程示意图如图 3.8 所示。

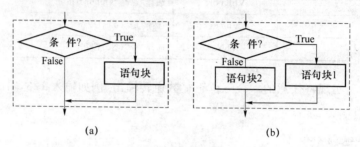

图 3.8 选择结构的执行流程示意图

选择结构的控制语句主要有 If 语句和 Select Case 语句。

3.2.1 If 语句

If 语句主要有以下两种形式:

1. 单行结构的 If 语句

格式 1:If ＜条件＞ Then ＜语句＞

格式 2:If ＜条件＞ Then ＜语句 1＞ Else ＜语句 2＞

功能:如果条件成立,则执行 Then 后的语句,否则对于格式 2,执行 Else 后的语句;对于格式 1,不执行任何操作。

说　明:

① 条件是必选,条件可以是逻辑表达式、关系表达式,也可是数值或字符串表达式。

② 整个语句必须在一行(逻辑行)内写完,常用于处理分支的简单处理。

例 3-5 用 Inputbox 函数输入密码,验证密码的正确性。

```
Private Sub Form_activate()
Dim s As String
s = InputBox("请输入密码:","密码验证")
If s = "skd" Then
MsgBox "密码正确,单击确定继续", vbOKOnly + vbInformation + vbDefaultButton1,"信息"
Print
Print Tab(10);"欢迎使用本系统"
End If
```

```
If s <> "skd" Then
MsgBox "密码输入错误,退出", vbOKOnly + vbCritical + vbDefaultButton1, "结束"
End
End If
End Sub
```

运行结果如图 3.9 所示。

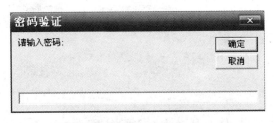

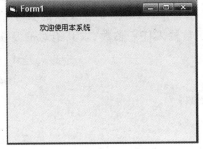

图 3.9　程序运行结果图

2. 块结构的 If 语句

块结构的 If 语句有三种形式：

格式 1：

```
If  <条件>  Then
   <语句块>
End If
```

格式 2：

```
If  <条件>  Then
   <语句块 1>
Else
   <语句块 2>
End If
```

格式 3：

```
If  <条件1>  Then
   <语句块1>
ElseIf  <条件2>  Then
   <语句块2>
ElseIf  <条件3>  Then
   <语句块3>
   ⋮
Else
   <语句块n>
End If
```

说　明：

① 在块结构的 If 语句中,每个 If 对应一个 End IF。

② 在多个条件的多选择结构中,Else 总是和最近的 If 配套。

例 3-6　用 Inputbox 函数输入任一整数,求其绝对值及实数平方根并输出。

```
Private Sub Form_Click()
Dim x as Integer
X = inputbox("请输入任一整数：")
If x<0 then
   p = -x
End If
Print x;"的绝对值为：";p
If x<0 then
   print x;"无实数平方根"
Else
   print x;"的实数平方根为：";sqr(x)
End If
End sub
```

例 3-7　通过键盘输入某一学生某门课程的成绩,若分数在 90～100 之间,则输出"优"；80～89 之间输出"良"；70～79 之间输出"中"；60～69 之间输出"及格"；0～59 之间输出"不及格"；其他数据则输出"非法数据"。

```
Private Sub Form_Click()
    Dim score As Integer
    score = InputBox("请输入学生的成绩：")
    If score < 0 Or score > 100 Then
        msg = "非法数据"
```

```
    ElseIf score >= 90 Then
        msg = "优"
    ElseIf score >= 80 Then
        msg = "良"
    ElseIf score >= 70 Then
        msg = "中"
    ElseIf score >= 60 Then
        msg = "及格"
    Else
        msg = "不及格"
    End If
    Print score; "-----"; msg
End Sub
```

运行结果如图 3.10 所示。

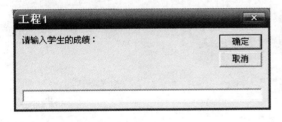

图 3.10　运行结果图

3.2.2　Select Case 语句

格　式：
Select Case <测试表达式>
Case <表达式列表 1>
<语句块 1>
Case <表达式列表 2>
<语句块 2>
⋮
Case <表达式列表 n>
<语句块 n>
　[　Case Else
<语句块 n+1>]
End Select

功能：根据测试表达式的值，找到第一个与测试表达式的值相匹配的表达式列表，然后执行其后的语句块，执行完毕，将控制转移到 End Select 后面的语句；若找不到相匹配的表达式列表，如果有 Case Else 子句，则执行 Case Else 子句后的语句块，否则不执行任何操作，并将控制转移到 End Select 后面的语句中。

说　明：

① 测试表达式可以是数值表达式或字符串表达式，通常为变量。

② 表达式列表有以下三种形式：

格式 1：<表达式 1> to <表达式 2>

功能：表示数值范围或字符串范围。表达式 1 的值要小于表达式 2 的值。

例如：

Case 1 to 10
Case "a" to "m"
Case "come" to "go"

格式 2：<表达式 1>,<表达式 2>,……<表达式 n>

功能：表示若干个表达式列表。

例如：

Case 5,10,15
Case "a","b","c"

格式 3：Is 关系运算符 <表达式>

功能：表示表达式的取值范围。

例如：

Case Is<100
Case Is<>"abc"

注意：可以将前三种格式混合使用，例如：

Case 2,4,6,8,10 to 20,Is>100

③ 若某个取值范围在多个 Case 子句中出现，则只执行符合要求的第一个 Case 子句的语句块。

④ Case Else 子句必须放在所有 Case 子句之后。

例 3-8　将例 3-7 改用 Select Case 语句实现。

```
Private Sub Form_Click()
Dim score As Integer
score = InputBox("请输入学生的成绩:")
Select Case score
```

```
        Case 90 To 100
            msg = "优"
        Case 80 To 89
            msg = "良"
        Case 70 To 79
            msg = "中"
        Case 60 To 69
            msg = "及格"
        Case 0 To 59
            msg = "不及格"
        Case Else
            msg = "非法数据"
    End Select
    Print score; "-----"; msg
End Sub
```

3.3 循环结构

在实际问题中,人们常常会遇到需要重复操作的问题。例如:输入某一班级学生的成绩,在这个操作中,需要处理的是一组相关的数据,数据的输入、处理问题的过程相同,但是每次过程所处理的数据值不同。在这种情况下,可以要利用循环结构。

循环结构一般由三部分组成:循环初始化、循环条件和循环体调整。其中循环初始化为循环中所用的变量提供初始值;循环条件设置进行循环操作所需要的条件;循环体是重复操作的语句,同时在循环体中需要为下一次循环准备数据,主要是对循环条件的修改,使循环条件趋向不成立,保证循环正常终止。

循环结构有三种控制语句,为 For-Next 语句和 While-Wend 语句、Do-Loop 语句;如果预先无法确定循环次数,可采用 While-Wend 语句或者 Do-Loop 语句,如果循环次数可以事先确定,则可采用 For-Next 语句。当然在某些情况下,这三个语句可以相互代替使用。

3.3.1 For-Next 语句

格 式:
For <循环变量> = <初值> To <终值> [Step <步长值>]
    <循环体>
Next <循环变量>

功能:把初值赋给循环变量,将变量值与终值比较,若"超过"终值,则退出循环执行 Next 后的语句,否则执行循环体。当执行 Next 语句时,自动将循环变量加上步长值,再赋给循环变量,继续执行循环体。

说　明：

① 循环变量为数值型变量。步长可以为正数也可为负数，不能为0。当为正数时，初值≤终值，否则初值≥终值。默认时默认步长为1。

② 循环过程正常结束的条件是循环变量的值"超过"终值。"超过"是指：当步长＞0时，循环变量＞终值；反之，循环变量＜终值。

③ 循环体可以是单语句，也可以是多个语句。

其语句结构流程图如图3.11所示。

例3-9　利用循环结构计算$1+2+3+\cdots+n$的值。

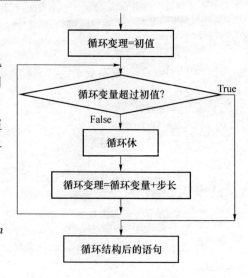

图3.11　For-Next语句结构流程图

① 界面设计如图3.12所示。

② 代码设计如下：

```
Private Sub command1_click()
Dim i As Integer, sum As Long, n As Long
n = Val(Text1.Text)
For i = 1 To n
sum = sum + i
Next i
Text2.Text = sum
End Sub
Private Sub command2_Click()
End
End Sub
```

③ 运行结果如图3.13所示。

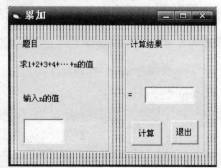

图3.12　界面设计图

图3.13　运行结果图

3.3.2 While – Wend 语句

格　式：
While　＜条件＞
　　　＜循环体＞
Wend

功能：如果"条件"为 True(或者非 0)，则执行循环体中的语句；当执行 Wend 语句时，自动返回至 While 语句，对条件进行判断。如此重复，直到条件为 False(或者为 0)，退出循环，执行 Wend 后面的语句。

其控制流程示意图如图 3.14 所示。

例 3-10　实现 $1*2*3*\cdots*n$ 的操作，当阶乘值大于 5000 时结束操作。

① 界面设计如图 3.15 所示。

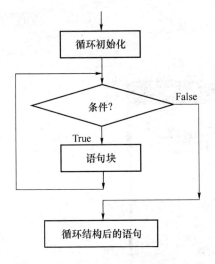
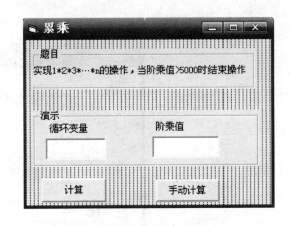

图 3.14　While – Wend 语句结构流程图　　　图 3.15　界面设计图

② 编写代码如下：

```
Dim j As Integer, fact As Long
Private Sub command1_Click()
Dim i As Integer
Dim fac As Long
i = 1
fac = 1
While fac <= 5000
fac = fac * i
```

```
i = i + 1
Text1.Text = i
Text2.Text = fac
Wend
End Sub
Private Sub command2_Click()
If j = 0 Then fact = 1
If fact <= 5000 Then
j = j + 1
fact = fact * j
Text1.Text = j
Text2.Text = fact
Else
Command2.Enabled = False
End If
End Sub
```

③ 运行结果如图 3.16 所示。

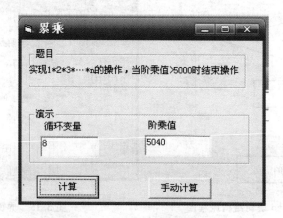

图 3.16 运行结果图

3.3.3 Do-Loop 语句

格　式：
Do [While|Until <条件>]
　　　　<循环体>
Loop

功能：当型循环结构：当(While)"条件"为 True(或者非 0)，则执行循环体中的语句；当执行 Loop 语句时,自动返回至 Do While 语句,对条件进行判断。如此重复,直到条件为 False(或者为 0),退出循环,执行 Loop 后面的语句。

直到型循环结构:当"条件"False(或者 0),则执行循环体中的语句;当执行 Loop 语句时,自动返回至 Do Until 语句,对条件进行判断。如此重复,直到条件为 True(或者非 0),退出循环,执行 Loop 后面的语句。

当型和直到型控制流程示意图如图 3.17 所示。

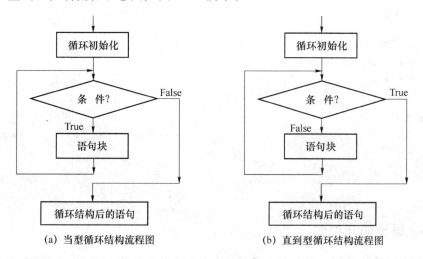

图 3.17　Do‐Loop 语句结构流程图

例 3 – 11　计算 1＋2＋3＋…＋100 的值。

1. Do While – Loop 循环

```
Private Sub Command1_Click()
sum = 0
n = 1
Do While n <= 100
    sum = sum + n
    n = n + 1
Loop
print "自然数 1~100 的和为:";sum
End Sub
```

2. Do Until – Loop 循环

```
Private Sub Command1_Click()
  sum = 0
  n = 1
```

```
        Do Until n>100
            sum = sum + n
            n = n + 1
        Loop
        print "自然数 1~100 的和为:";sum
End Sub
```

3. Text 输出

```
Private Sub Command1_Click()
    Dim i As Integer, Sum As Integer
    i = 0:Sum = 0
    Do While i < 100
        i = i + 1
        Sum = Sum + i
Loop
Text1.Text = Sum
End Sub
```

3.3.4 退出循环语句

有时,在执行循环过程中满足某种条件,而该条件在循环测试条件中又没有给出,往往是想在循环完毕之前就退出循环以节省时间,此时可采用退出循环语句——Exit 语句直接从 Do 循环或 For 循环中退出,将程序控制权转向 Loop 或 Next 语句之后的语句。

1. Exit 语句格式

格式一:
```
Do [While|Until <循环条件>]
        语句块 1
        If <条件> Then Exit Do
        语句块 2
Loop
```
格式二:
```
For <循环变量> = <初值> To <终值> [Step <步长值>]
        语句块 1
        If <条件> Then Exit For
        语句块 2
Next <循环变量>
```

2. Exit 语句执行流程

以 Exit For 语句格式为例,如图 3.18 所示。

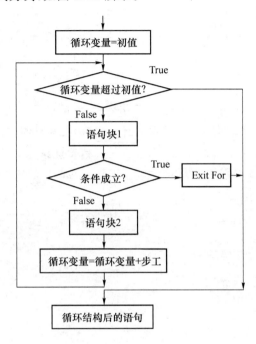

图 3.18　Exit For 执行流程图

例　如:

```
Dim x As Integer
y = val(inputbox("请输入需要查找的数据:"))
For x = 1 to 100
If x = y then print "已找到":Exit For
Next x
If x＞100 then print "无此值!"
```

功能: 在 1～100 之间,查找与变量 Y 值相同的数,找到后立刻退出循环。

3.3.5　循环嵌套

当一循环体内包含另一个循环时称为循环嵌套,如:

```
For x = 1 to 10  ⎫       ⎫
    For y = 1 to 4  ⎤内    ⎥外
    ……             ⎦循环  ⎥循环
    Next y                 ⎦
```

```
       Next x
       Do While x<5    ┐内   ┐外
          For y = 1 to 3 │循   │循
          ……            │环   │环
          Next y        ┘     │
       End Do                 ┘
```

注　意:

① 在使用循环嵌套时,要注意内外循环不应交叉,内循环要完全包含在外循环中。
② 循环嵌套的程序执行过程:当外循环执行一次时,内循环要完成全部的循环次数。
③ 内外循环的循环变量名必须不同,否则不能得到正确结果。

例 3 - 12　在窗体上输出乘法九九表。

```
Private Sub Command1_Click()
   Dim m as integer,n as integer
   For m = 1 to 9
      For n = 1 to 9
         Print m;"×";n;" = ";m * n;
      Next n
      Print
   Next m
End Sub
```

3.4　数　组

在使用计算机处理实际问题时,经常会遇到对一组数据进行处理运算的情况。例如例题 3 - 13 中输入一个班级 30 个学生的数学成绩,如果需要显示所有学生的成绩,则需要定义 30 个变量,逐个显示每个变量的值,整个程序就会变得冗长繁琐。在这种情况下,不能通过简单变量来设计程序,应采用专门的数据结构———数组来进行处理。

数组是一种可包含多个元素的数据结构,数组中的每个元素类型相同,具有相同的标识,且按一定的顺序排列。每个数组元素都有一个编号,该编号称为下标。通过使用数组名和该数据在数组中的下标来标识数组中的每一个元素。数组元素的个数有时也称为数组的长度。例如:例 3 - 13 中的 30 个学生的数学成绩可定义长度为 30 的数组:score(1 to 30);score(1),score(2),…score(30),其中,score 为数组名,score(1)用来存放学号为 1 的学生分数,score(2)用来存放学号为 2 的学生分数,以此类推,score(30)用来存放学号为 30 的学生分数。使用数组可以使数据处理变得非常简单。

3.4.1 数组的定义

数组需要先声明后使用。数组声明包括：数组名、数组的维数、每一维容纳的元素个数、数组的数据类型。

格　式：

Dim <数组名> ([<下界 1> To] <上界 1> [,[<下界 2> To] <上界 2>……]) [As 数据类型]

说　明：

① 数组名的命名规则与简单变量相同。下界与上界均为整型数，定义中<下界> To <上界>的个数即为数组的维数。

例　如：

```
Dim S(1 to 3) As Integer        '定义了一个整型的一维数组 S,包括 3 个元素：S(1)、S(2)、
                                 S(3)
Dim T(3 to 5,1 to 2) As string  '定义了一个字符型的二维数组,包括 6 个元素：T(3,1)、
                                 T(3,2)、T(4,1)、T(4,2)、T(5,1)、T(5,2)
```

② 数组中上界可以省略，其默认值为 0。

例　如：

```
Dim a(3)                        '数组 a 中包含 a(0)、a(1)、a(2)和 a(3)　4 个元素
```

也可以在窗体或模块声明部分利用语句 Option Base n 设置数组的上界默认值，该语句不能在过程中使用。例如：

```
Option Base 1                   '将数组的上界默认值设置为 1,此时若再定义 a(3),则包含的
                                '元素为 a(1),a(2),a(3)3 个元素
```

③ 同简单变量一样，数组也有作用域，因此在不同位置声明数组的保留字不同。可以使用以下方法声明通用数组。

例如：

```
Public stu(10)As String              '建立全局数组
Private m(9,9)As String              '建立模块级数组
Dim cj(10) As String                 '在表单或模块层中,声明数组
Static b(1 to 5,1 to 7)As Integer    '在过程中声明静态数组
```

④ 根据数组说明时是否说明其大小，将数组分为静态数组和动态数组。在此之前所声明的数组均为静态数组，即数组中所包含的元素个数在数组定义时已确定。动态数组在定义时，并不给出其大小，当需要使用时，通过 Redim 语句重新指明数组的大小。

建立动态数组的方法如下：

① 根据数组的不同作用域,用 Global,Public,Dim 或 Static 声明空数组。
② 在过程中,用 Redim 语句为数组指定大小。

Redim 语句格式:

Redim [preserve] <数组名> ([<下界 1> To] <上界 1> [,[<下界 2> To] <上界 2> ……])

例如:

```
Dim Max()As Integer
Redim Max(10)As Integer
```

3.4.2 数组元素的引用与赋值

数组引用时,一般以数组元素为最基本的访问单位。数组元素引用方式:

数组名(下标 1,下标 2……)。

其中,下标可以为常量、变量或数值表达式,下标值不能超过数组定义的下界至上界的范围。例如:

```
Dim i As integer
Dim a(3) As Integer                                    '定义数组 a,其中包含 4 个元素
Dim b(1 to 2,1 to 2) As String                         '定义数组 b,其中包含 4 个元素
a(0) = 100: a(i + 1) = 50: a(2) = a(1) * 10: a(3) = a(1) + a(2)    '对一维数组 a 中的四个元素赋值
i = 1
b(1,1) = "How": b(1,i * 2) = "old": b(2,1) = "are": b(2,2) = "you!"  '对二维数组 b 中的四个元素赋值
```

所以对于数组中的每一个元素的引用与简单变量的使用方法基本相同。如果对数组中的数据批量元素进行访问,例如:数组元素的赋值、计算、输出等,则需采用循环结构。

1. 一维数组数据的输入、输出

```
Dim a(1 to 10)As Integer
For i = 1 to 10
   a(i) = Val(Inputbox("请输入第" + str(i) + "个整数:"))
Next i
For i = 1 to 10
   Print "a(";i;") = ";a(i)
Next i
```

2. 二维数组数据的输入、输出

```
Dim a(10, 10) As Integer
For i = 0 To 10
```

```
        For j = 0 To 10
            a(i, j) = Val(InputBox("请输入第" + Str(i) + "行,第" + Str(j) + "列的数据:"))
        Next j
    Next i
    For i = 0 To 10
        For j = 0 To 10
            Print "a("; i; ","; j; ") = "; a(i, j);
        Next j
        Print
    Next i
```

例 3-13 学生分数统计:通过键盘输入某班级 30 名学生的数学成绩(0~100 之间的整数),每个数据按前后次序对应学生的学号。试编写一个程序统计该课程的总分、平均分、最高分、最低分及每位同学的成绩。

1. 算法分析
① 定义一个数组,用于存放数学成绩;
② 最高分、最低分、总分、平均分的计算方法同前。

2. 事件过程编写

```
Private Sub Form_Click()
Dim score(30) As Integer
Dim n As Integer, smax As Integer, smin As Integer
Dim sum As Integer, ave As Single
Dim str As String
For n = 1 To 30
    str = "请输入第" & n & "个学生的成绩"
    score(n) = Val(InputBox(str))                  '数据输入
Next n
smax = -1: smin = 101                              '循环初始化
smax = score(1): smin = score(1): sum = score(1)
For n = 2 To 30
    sum = sum + score(n)                           '计算总分
    If score(n) > smax Then smax = score(n)        '计算最高分
    If score(n) < smin Then smin = score(n)        '计算最低分
Next n
    'For n = 1 To 30
    'Print "第" & n & "个学生的成绩:"; score(n)     '数据输出
    'Next n
  Print "最高分是:"; smax, ""
```

```
        Print "最低分是:"; smin, ""
        Print "总 分 是:"; sum, ""
        Print "平均分是:"; sum / 30
End Sub
```

3. 运动结果

运行结果如图 3.19 所示。

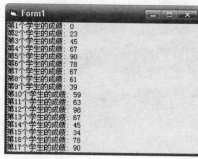
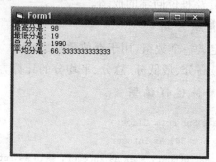

图 3.19 运行结果图

例 3-14 编程实现矩阵的转置(以 3×3 的矩阵为例)。

$$A = \begin{pmatrix} 4 & 6 & 1 \\ 9 & 2 & 5 \\ 7 & 8 & 4 \end{pmatrix} \quad 转置后: \quad B = \begin{pmatrix} 4 & 9 & 7 \\ 6 & 2 & 8 \\ 1 & 5 & 4 \end{pmatrix}$$

① 算法分析:矩阵转置 A 和 B 中的元素不变,改变的是元素的输出位置,即 $B(i,j)=A(j,i)$。

② 事件过程编写如下:

```
Private Sub Form_Click()
Dim A(3, 3) As Integer, B(3, 3) As Integer
Dim i As Integer, j As Integer
Print "转置前;"
For i = 1 To 3
    For j = 1 To 3
```

```
      A(i, j) = Int(Rnd * 10 )
      Print A(i, j);
    Next j
    Print
  Next i
  Print "转置后："
  For i = 1 To 3
    For j = 1 To 3
      B(i, j) = A(j, i)
      Print B(i, j);
    Next j
    Print
  Next i
End Sub
```

4. 运行结果

程序运行结果如图 3.20 所示。

图 3.20　例 3-14 的运行结果

3.5　案例实训

实例 3-1　学生分数统计：通过键盘输入某班级 30 名学生的数学成绩（0～100 之间的整数），每个数据按前后次序对应学生的学号，即第一个数据是 1 号学生的成绩，第二个数据是 2 号学生的成绩以此类推，最后的数据是 30 号学生的成绩。试编写一个程序统计该课程的总分、平均分、最高分及对应的学生学号、最低分及对应的学生学号。

问题分析：

① 利用循环结构完成。考虑到循环次数的确定，需重复操作 30 次，可采用 For-Next 循环语句。

② 循环体中总分计算需用：sum=sum+score。

第3章 Visual Basic 程序设计

获得最大值和最小值的方法是:最大值为 smax,最小值为 smin,其初始值可以设置为:smax = -1,smin = 101,每输入一个学生的成绩 score,分别与 smax,smin 进行比较,凡是大于 smax 当前值的数据将成为 smax 的新值,同时保留其学号 nummax,所有数据输入并比较完毕后,smax 中就保留了数据中的最大值,即最高分。同理,凡是小于 smin 当前值的数据将取代 smin 的原值而成为 smin 新的当前值,最终,smin 中就保留了最小值,即最低分。

③ 事件过程编写如下:

```
Private Sub Form_Click()
Dim score As Single,n As Integer,smax As Integer,smin As Integer
Dim nummax As Integer,nummin As Integer
Dim sum As Integer,ave As Single
Dim str As String
smax = -1: smin = 101                              '循环初始化
For n = 1 to 30
    str = "请输入第" & n &"个学生的成绩"
    score = val(inputbox(str))                     '数据输入
    sum = sum + score                              '计算总分
    if score>smax then smax = score:nummax = n     '计算最高分,并保留学号
    if score<smin then smin = score:nummin = n     '计算最低分,并保留学号
next n
print "最高分是";smax,"学号为: ";nummax             '数据输出
print "最低分是";smin,"学号为: ";nummin
print "总分是";sum,"平均分是: ";sum/30
End Sub
```

④ 运行结果如图 3.21 所示。

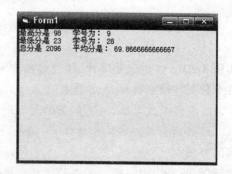

图 3.21 运行结果图

实例 3-2 有一根长度为 321 m 的钢材,要将它截取成长度分别为 17 m 和 27 m 的 a、b

两种短料,每种至少1段,问分隔成a、b各多少段后,剩余的残料r最小?

① 分析:该题利用"试凑法"通过二重循环求残料r的最小值正数,残料不可能是负数。

② 编程:

```
Private Sub Command1_Click()
    Dim a%, b%, r!, ia%, ib%
    r = 321                          '最小值初值取钢材料的长度
    For b = 1 To 321 \ 27            'b最多的段数
        For a = 1 To 321 \ 17 - b    'a最多的段数
            t = 321 - b * 27 - a * 17 '当前的残料
            If t > 0 And t < r Then
                r = t                '求最短的残料
                ia = a               '最短残料时a的段数
                ib = b               '最短残料时b的段数
            End If
        Next a
    Next b
    Print ia, ib, r
End Sub
```

③ 运行结果如图 3.22 所示。

实例 3-3 设计网络课堂主页。

① 页面设计如图 3.23 所示。

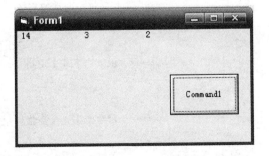

图 3.22　运行结果图

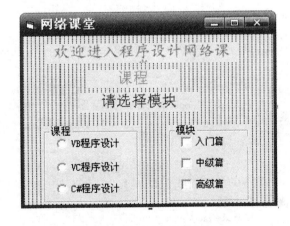

图 3.23　页面设计图

② 编写代码如下:

Dim sel As String, sme As String, shi As String

```
Private Sub chkel_Click()
If chkel.Value = 1 Then
sel = chkel.Caption
Else
sel = ""
End If
lblmodule.Caption = Trim(sel + Space(2) + sme + Space(2) + shi)
                                                    'trim()去掉字符串两端的空格
End Sub
Private Sub chkhi_Click()
If chkhi.Value = 1 Then
shi = chkhi.Caption
Else
shi = ""
End If
lblmodule.Caption = Trim(sel + Space(2) + sme + Space(2) + shi)
                                                    'trim()去掉字符串两端的空格
End Sub
Private Sub chkme_Click()
If chkme.Value = 1 Then
sme = chkme.Caption
Else
sme = ""
End If
lblmodule.Caption = Trim(sel + Space(2) + sme + Space(2) + shi)
                                                    'trim()去掉字符串两端的空格
End Sub
Private Sub optcsh_Click()
lblprompt.Caption = Space(4) & optcsh.Caption & "——"    'space(4)函数产生4个空格
End Sub
Private Sub optvb_Click()
lblprompt.Caption = Space(4) & optvb.Caption & "——"     'space(4)函数产生4个空格
End Sub
Private Sub optvc_Click()
lblprompt.Caption = Space(4) & optvc.Caption & "——"     'space(4)函数产生4个空格
End Sub
```

③ 运行结果如图 3.24 所示。

第 3 章 Visual Basic 程序设计

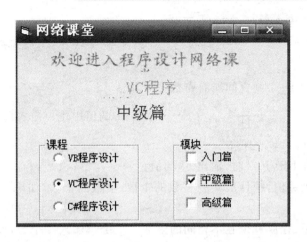

图 3.24 运行结果图

本章小结

　　程序控制是用一定的控制结构实现对一系列语句的控制,进而控制程序的执行流程。本章重点介绍了三种基本结构:顺序结构、选择结构和循环结构。不管是面向过程的程序设计,还是面向对象的程序设计,均需要通过这三种基本控制结构控制程序的流程。顺序结构是最简单的结构,计算机依次执行程序段中的语句;选择结构可以根据给出的条件选择执行不同的程序段,形成程序分支;循环结构可以根据给出的条件决定是否重复执行某一段程序,形成程序循环。

　　本章首先介绍了在 VB 中实现顺序结构的基本输入、输出方法,接着通过结合实例,对选择结构的 IF 语句、SELECT CASE 语句,循环结构的 WHILE – WEND 语句、DO WHILE 语句和 FOR – NEXT 语句进行详细的介绍。数组是程序设计过程广泛使用的数据结构,使用数组可以使许多程序编制起来更加简单、清晰。数组的应用必须通过循环结构才能得以实现。这一章是学习 VB 程序设计的重要内容,只有牢固地掌握了这一部分的内容,才能为以后的程序设计打下良好的基础。

习　题

3.1　利用输入对话框进行圆半径 r 的动态输入,并求圆周长及面积,在窗体中显示输出。

3.2　分别用 IF 语句和 SELECT 语句编程实现求 y 的值:

$$y = \begin{cases} 1 & x \leq 0 \\ 2x^2 + 10 & 0 < x < 20 \\ \sqrt{x} & x \geq 20 \end{cases}$$

3.3 编写并显示 1~100 之间所有奇数平方和。

3.4 编程计算 $e^x = 1 + \dfrac{x}{1!} + \dfrac{x^2}{2!} + \cdots\cdots + \dfrac{x^n}{n!}$（$x$ 的值由用户输入）。

① 求当 $n=10$ 时，求 e^x 的值；

② 当某一项的值小于 10^{-6} 时，输出 e^x 的值。

3.5 输入一系列数值，统计出其中整数的个数、负数的个数，如果输入值为 0，结束这个程序。

3.6 有一个数组，存放 n 个互不相同的整数。从键盘输入一个数，要求从数组中查找与该数值相同的元素，并显示该数据的位置，若没有则输出"无此数"。

3.7 矩阵 Amxn，各元素的值由键盘键入，求全部元素的平均值，并输出高于平均值的元素以及它们的行列号。

第4章 过　　程

【本章教学目的与要求】
- 掌握用户自定义函数和子过程声明与调用的格式
- 掌握参数的传递方式
- 掌握变量的声明及其作用域

【本章知识结构】

图 4.0 为 Visual Basic 程序设计过程知识结构，以便读者对过程有更深入的了解。

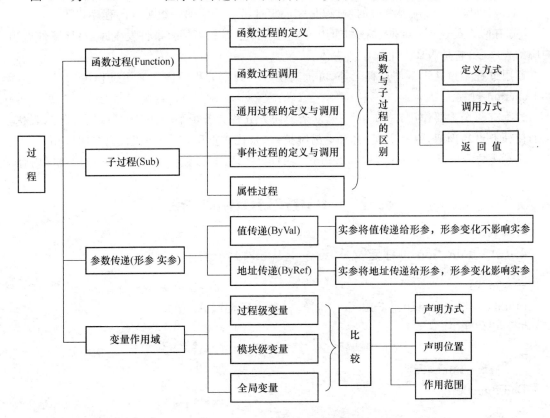

图 4.0　Visual Basic 程序过程知识结构

第4章 过 程

引 言

前面的使用,系统提供的事件过程和内部函数进行程序设计。事实上 VB 允许用户定义自己的过程和函数。使用自定义过程和函数,不仅能够提高代码的利用率,而且使得程序结构更简洁、更清晰,便于调试和维护。

在程序设计过程中,有些程序代码需要重复执行,或者许多程序要进行相同的操作。这些重复执行的程序是相同的,只不过每次以不同的参数进行重复操作罢了。而重复执行这段程序的过程称为通用过程。

例如要求 1~5 的阶乘之和 需要依次求出 1!,2!,3!,4!,5!,求解阶乘的程序几乎完全相同,若编写一段程序,供共同使用,则此程序结构就变得简单得多。

VB 应用程序是由过程组成的,过程是完成某种特殊功能的一组独立的程序代码。

VB 有两大类过程:事件过程和通用过程。事件过程是当某个事件发生时,对该事件做出响应的程序段,它是 VB 应用程序的主体。

通用过程是独立于事件过程之外,可供其他过程调用的程序段。通用过程包括 Sub 过程和 Function 过程。

过程有两个重要作用:一是把一个复杂的任务分解为若干个小任务,可以用过程来表达,从而使任务更易理解,更易实现,将来更易维护;二是代码重用,使同一段代码多次复用。

本章主要介绍 Function 过程和 Sub 过程的定义、调用、参数传递和变量的作用域等内容。

4.1 Function 过程

4.1.1 Function 过程定义

一般格式:

[Public|Private|Static] Function 函数名(参数列表)[As 类型]
　　语句块
　　[函数名=表达式(返回值)]
　　[Exit Function]
End Function

说　明:

① Public:公有函数过程,能被程序中的所有模块调用;

Private:私有函数过程,只能在本模块中调用,不能被其他模块调用;

Static:静态函数过程,过程中定义的局部变量均为静态变量,即程序退出过程时,局部变量的值仍保留并作为下次调用的初值。

② As 类型：指定返回函数值的类型，若省略，则函数返回变体类型值；

Exit Function：在函数过程中终止过程的运行；

End Function：函数过程结束标志。

③ 函数名的命名规则与变量命名规则相同。

④ 函数过程必须由函数名返回一个值。

⑤ 如果函数体内没有给函数名赋值，则返回对应类型的默认值，数值型返回 0，字符型返回空字符串。

4.1.2 Function 过程建立

Function 过程的建立有以下 2 种方法。

方法 1：利用"工具"菜单定义函数工程。

① 在代码窗口中，利用"工具"菜单下的"添加过程"命令，插入一个函数过程模板来定义，如图 4.1 所示。

② 在"名称"框中输入函数过程名称。

③ 在"类型"框中单击"函数"定义函数过程。

④ 在"范围"组中"公有的"、"私有的"选项分别代表全局过程和局部过程。

方法 2：在代码窗口中，把插入点放在所有现有过程之外，直接输入函数来定义。

例 4-1 定义计算阶乘的 Function 过程。

```
Function facts(n As Integer) As Long
Dim i As Integer
Dim S As Long
S = 1
For i = 1 To n
    S = S * i
Next i
facts = S                                            '返回函数值
End Function
```

以上实例中的 facts 函数用来完成 n! 的计算，函数中包含一个 Integer 型的形参，其返回值为 Long 型。

4.1.3 Function 过程调用

由于函数过程返回一个值，因此可以像其他函数一样调用，也可以把它作为表达式或表达式的一部分来用，添加函数过程界面如图 4.1 所示。主要有 2 种方法：

第 4 章 过 程

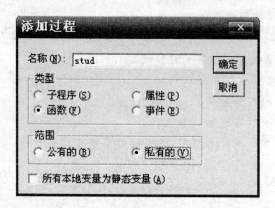

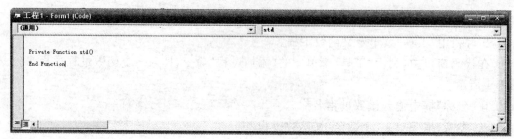

图 4.1 添加函数过程界面

1. 直接调用

像使用 VB 内部函数一样,只需写出函数名和相应的参数即可,如
函数过程名[(实际参数表)]
例如:

s = sum(n)
Print sum(n)

2. 用 Call 语句调用

Call 函数过程名
例如:

 Call sum(n)

当用这种方法调用 Function 过程时,将会放弃返回值。

例 4-2 求 1~5 的阶乘之和:sum=1! +2! +3! +4! +5。

Function facts(n As Integer) As Long
    Dim i As Integer
    Dim S As Long

```
        S = 1
        For i = 1 To n
            S = S * i
        Next i
        facts = S
End Function

Private Sub Form_click()
    Dim sum As Long, i As Integer
    sum = 0
    For i = 1 To 5
        sum = sum + facts(i)
    Next i
    Print "1! +2! +3! +4! +5! = "; sum
End Sub
```

例 4-2 的运行结果如图 4.2 所示。

以上实例中的 facts 函数用来完成阶乘的计算,主调程序 Form_Click 用语句 sum = sum + facts(i) 来完成函数 facts 的调用,将实参 i 的值传递给形参 n,在函数 facts 中,赋值语句 facts = S 将 n! 的值通过函数名返回到主调程序中。在主调程序的循环体循环 5 次就完成了 1!,2!,…,5! 的计算,并进行求总和,将总和通过 print 方法显示在窗体上。

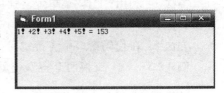

图 4.2 例 4-2 运行结果图

4.2 Sub 过程

Sub 过程(子过程)和函数的区别在于:Sub 过程较灵活,可以带参数,也可不带参数,而且不返回值;而函数通常需带参数,并有返回值。

4.2.1 Sub 过程定义

定义格式:
[Public] [Private] [Static] sub <子过程名>[(参数列表)]
    语句块
    [Exit sub]
    语句块
End sub

第4章 过 程

说 明：
① 在 VB 语言源程序中,用户声明子过程应遵循先声明后使用的原则。
② 在过程定义时给出的参数列表中的形式参数具有以下语法格式：
形参格式为：[ByVal |ByRef] 变量名[()] [As 数据类型]
ByVal：表明其后的形参是按值传递参数(传值参数 Passed By Value)；
ByRef 默认,则表明参数是按地址传递的(传址参数)或称"引用"(Passed By Reference)。
变量名[()]：变量名为合法的 VB 变量名或数组名,无括号表示变量,有括号表示数组。
③ As 数据类型：默认表明该形参是变体型变量,若形参变量的类型声明为 String,则只能是不定长的。而在调用该过程时,对应的实在参数可以是定长的字符串或字符串数组,若形参是数组则无限制。

4.2.2 Sub 过程建立

方法1：利用"工具"菜单定义通用工程(见图4.1),过程类型选择"子过程",其余同函数过程的定义。
方法2：在代码窗口中直接定义。

例 4-3 一个交换两个整型变量值的子过程。

```
Private Sub Swap( X As Integer, Y As Integer)
    Dim temp As Integer
    Temp = X : X = Y : Y = Temp
End Sub
```

上例中定义了一个用来交换两个变量值的子程序。在该例中首先定义了两个形参 X、Y,之后在语句体中又定义了一个中间变量,然后把这两个形参的值交换。

4.2.3 Sub 过程调用

调用 Sub 过程,即执行 Sub 和 End Sub 之间的语句系列,常用的调用形式有以下两种：
方法1：使用 Call 语句
格式：Call <过程名>([<实参表>])
方法2：直接使用过程名
格式：<过程名> [<实参表>]
调用的执行过程为：首先将实参传递给形参,然后执行子过程体。

说　明：
① <实参表>是实际参数表,实参必须用圆括号括起,参数与参数之间用逗号分隔。
② 当用 Call 语句调用执行过程时,若无实参,其过程名后圆括号不能省略,若有参数,则参数必须放在括号之内。
③ 若省略 Call 关键字,则过程名后不能加括号,若有参数,则参数直接跟在过程名之后,参数与过程名之间用空格分隔,参数与参数之间用逗号分隔。

下面可通过例子演示 Sub 过程的编写及调用过程。

例 4 - 4　编写一个计算阶乘的 Sub 过程,并调用该过程求:1!＋2!＋3!＋4!＋5!。

```
Public Sub JC(ByVal x, r)
    Dim m As Integer
    r = 1
    For m = 1 To x
     r = r * m
    Next m
End Sub
Private Sub Form_Click()
    Dim s As Long, t As Long
    s = 0
    t = 0
    For i = 1 To 5
        Call JC(i, t)
        s = s + t
    Next i
    Print s
End Sub
```

在这个过程中,形式参数 x 接受主程序传递的实参数据 i,即计算阶乘的具体数值,r 是传址方式的形式参数,通过 r 可以将计算结果传送回主程序。

例 4 - 5　编写一个计算矩形面积的 Sub 过程,然后调用该过程计算矩形面积。

1. 编写程序

```
Private Sub Form_Click()
Dim A As Single, B As Single
    A = Val(InputBox("请输入长的宽度;"))
    B = Val(InputBox("请输入宽的长度;"))
Call Recarea(A, B)
End Sub
Sub Recarea(Awid As Single, Bwid As Single)
```

```
    Dim Area As Single
    Area = Awid * Bwid
    MsgBox "总面积是 " & Area '输出矩形面积
End Sub
```

2. 运行结果

运行结果如图 4.3 所示。

图 4.3 例 4-5 运行结果图

3. 分　析

在以上实例中,子过程 Recarea 用来计算矩形面积并显示计算结果,主调程序 Form_Click 提供实际参数 A、B,分别为矩形的长和宽。当执行到主调程序中的语句 Call Recarea 子过程时,程序流程进入 Recarea 子过程内部,实际参数 A、B 分别传递给形式参数 Awid,Bwid,直到遇到 End Sub 语句才结束 Recarea 子过程,返回到主调程序 Form_Click 中。

4.3　事件过程

在 VB 中对象能够识别一系列系统预定的事件,当对象对某个发生的事件需要做出反应的时候,则需要设计相应处理程序,即事件过程。事件过程的框架格式通常是由 VB 创建的,不能增加或删除,而事件过程中具体语句内容则必须由程序设计人员编写。

4.3.1　事件过程定义

事件过程的语法格式

Private Sub　对象名_事件名([参数列表])

语句块
End Sub
说　明：
① 对象名必须是窗体或在窗体中已经建立的对象。
② 过程名前都有一个 Private 的前缀，表示该事件过程不能在它自己的窗体模块之外被调用。
③ 事件过程有无参数，完全由 VB 提供的具体事件本身决定，用户不可以随意添加。

4.3.2　事件过程调用

事件过程由一个发生在 VB 中的事件来自动调用或者由同一模块中的其他过程显示调用。下面我们举一个例子加以说明。

例 4-6　创建一个应用程序，输入球体的半径，计算其体积。在运行时，单击命令按钮，则在窗体显示所求球体的体积。

设计步骤如下：

1. 算法分析

数据输入通过对 InputBox 函数的调用，利用对话框动态输入球体半径，利用球体计算公式计算，最后将计算结果在窗体上显示输出。

2. 事件过程的创建

代码窗口有对象列表框和过程列表框，要编写的代码是在单击命令按钮时发生的事件，因此在对象列表框选择 Command1，在过程下拉列表中选择 Click（单击）按钮控件 Command1 后出现的代码编辑器窗口。在代码窗口中会自动生成下列代码：

```
Private Sub Command1_Click()
End Sub
```

其中，Command1 为对象名，Click 为事件名。然后，在 Sub 和 End Sub 语句之间输入程序代码，使单击 Command1 按钮时，在窗体上即可得到其运算结果。事件过程代码如下：

```
Private Sub Command1_Click()
    Const Pi = 3.1415926
    Dim r As Single, v As Single
    r = InputBox("输入球体的半径(大于 0 的数)：", "数据输入框")
    v = (4 / 3) * Pi * r ^ 3
    Print "半径为："; r; "的球体的体积为："; v
End Sub
```

3. 程序运行分析

程序运行，单击命令按钮，弹出输入对话框，在其中键入半径值，显示如图 4.4 所示窗口。

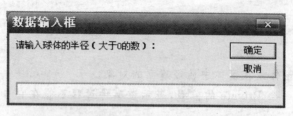

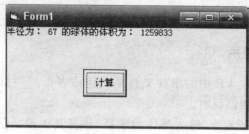

图 4.4 例 4-6 运行结果图

4.4 参数传递

通常在编制一个过程时,要考虑它需要输入哪些量,进行处理后输出哪些量。正确地提供一个过程的输入数据和正确地引用其输出数据,是使用过程的关键问题。也就是说调用过程和被调用过程之间的数据传递问题。在 VB 中,实参与形参的结合方法有两种:值传递和地址传递。

4.4.1 值传递

如果在定义形式参数时使用了 ByVal,或者在调用语句中的实际参数是常量或表达式,那么实参与形参之间数据传递方式是值传递。

在调用过程时,当实参是常量时,直接将常量值传递给形参变量中;当实参是变量时,仅仅将实参变量的值传递给形参变量。然后执行被调过程,在被调过程中,即使形参发生改变也不会影响实参值的变化。

例 4-7 值传递举例。

```
Private Sub Form_Click()
    Dim a As Integer
    a = 20
    js a
    Print "a = "; a
End Sub
    Print "x = "; x
```

```
Sub js(ByVal x As Integer)
    x = x * 10
End Sub
```

该程序实参是 a,形参是 x,x 为值传递方式。当单击窗体,调用 js a 语句后,实参 a 仅仅将值传递给形参 x,当对形参 x 执行语句 x = x * 10 后,形参 x 的值为 200,而实参 a 的值仍为 20。因此,单击窗体运行程序后,窗体上显示结果 a = 20,如图 4.5 所示。

图 4.5　例 4-7 运行结果图

4.4.2　地址传递

按地址传递参数,就是将实参的地址传递给相应的形参,形式参数与实际参数使用相同的内存地址单元,这样通过调用被调程序可以改变实参的值。在进行地址传递时,实际参数必须是变量,而常量或表达式无法进行地址传递。系统默认的参数传递方式是按地址传递。

例 4-8　地址传递举例。

```
Private Sub Form_Click()
    Dim a As Integer
    a = 20
    js a
    Print "a = "; a
End Sub
Sub js( x As Integer)
    x = x * 10
End Sub
```

图 4.6　例 4-8 运行结果图

该程序实参是 a,形参是 x,x 是地址传递方式。当单击窗体,调用 js a 语句后,实参 a 的地址传递给形参 x,也就是实参 a 与形参 x 共同占用一个内存单元,当对形参 x 执行语句 x = x * 10 后,a,x 的值都变成 200。因此,单击窗体运行程序后,窗体上显示结果 a = 200,如图 4.6 所示。

例 4-9　参数传递举例。

```
Private Sub Command2_Click()
    Dim a As Integer
```

第4章 过 程

```
        a = 100
        Call Add1(a)
        MsgBox ("a 的值为：" & a)        '显示：a 的值为 100
        Add2 a
        MsgBox ("a 的值为：" & a)        '显示：a 的值为 200
    End Sub
    Sub Add1(ByVal i As Integer)
        i = i + 100                      'i 的值为 200
    End Sub
    Sub Add2(ByRef i As Integer)
        i = i + 100                      'i 的值为 200
    End Sub
```

该程序中由于 Add2 中的参数 i 为 ByRef，即按地址传递，因此，在 Add2 中对 i 进行修改后，将会导致实际参数 a 的值也被修改，如图 4.7 所示。

图 4.7　例 4-9 运行结果图

4.5　变量的作用域

变量的作用域就是变量的作用范围。在一个过程内部声明变量时，只有过程内部的代码才能访问或改变那个变量的值。但有时需要使用具有更大范围的变量，例如需要变量对于同一模块内的所有过程都有效，甚至对于整个应用程序的所有过程都有效。一个变量在划定范围时被看作是过程级（局部）变量，还是模块级变量，这取决于声明该变量时采用的方式，VB允许在声明变量时指定它的范围。变量有三种作用范围：过程级、模块级和全局级，对应着有三种定义方式，下面分别介绍。

4.5.1　过程级变量

在过程（事件过程或通用过程）内用 Dim 或 Static 声明的变量称为过程级变量，又称局部变量。

过程级变量的作用范围只限于定义它的过程之内。也就是说，一个过程级变量只能被定义它的过程使用，别的过程无权访问该变量。因此，可以在不同的过程中使用同名的过程级变量，它们是互不影响的。当过程结束时，过程级变量所占用的内存空间就会自动释放。

如图 4.8 所示,在 Command1_Click() 和 Command2_Click() 两个事件过程中分别定义了 a、b 两个变量。

该类变量在每一次过程重新执行时,变量的内容将被重新初始化。由于局部变量只有在声明它的过程中才能被识别,通常用来存放中间结果或用作临时变量。

在过程内用 Static 声明的变量称为静态局部变量,它与使用 Dim 声明的过程级变量有些类似,但又有很大的区别。使用 Dim 声明的变量在过程执行时存在,过程结束后改变量的值就消失了;而使用 Static 声明的变量会一直保留其值,不会因过程执行完毕而消失。

下面通过一个例子说明两者定义变量的区别。

例 4-10 设计一个程序,当用户单击一次按钮,text 框中实现计数加 1(利用 Static 声明的变量可以实现,而利用 Dim 声明的变量无法实现)。

本例题的界面设计如图 4.9 所示。

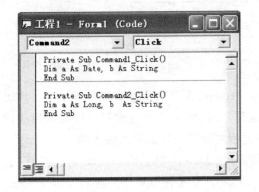

图 4.8 Dim 声明局部变量

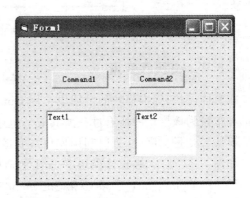

图 4.9 例 4-10 的界面设计

在 Command1_Click() 和 Command2_Click() 两个事件过程中分别定义了 Counter1、Counter2 两个变量,结果如图 4.10 所示。

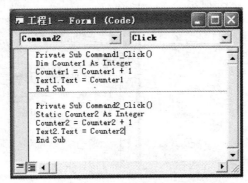

图 4.10 例 4-10 的事件过程代码

运行程序,分别单击 Command1 和 Command2 各两次,则运行结果如图 4.11 所示。

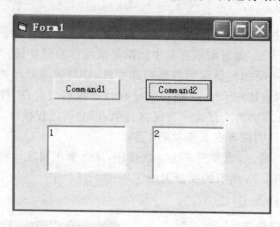

图 4.11 例 4-10 的运行结果

4.5.2 模块级变量

在窗体模块、标准模块的声明段中用 Dim(或 Private)声明的变量为模块变量。模块级的变量和常量为该模块中所有过程所共有。也就是说,模块中的所有过程都可以访问属于该模块的模块级变量。因此,可以利用模块级变量在过程之间进行相关数据的传递。

如图 4.12 所示,在窗体模块 Form1 的声明部分用 Dim 声明了两个模块变量 X、Y,它们在本模块的 Command1_Click()和 Command2_Click()两个事件过程中均有效。

在声明模块级变量时,Private 和 Dim 之间没有什么区别,但相比之下 Private 更好些,因为很容易把它和 Public 区分开来。

可以通过改变变量声明方式,来实现例 4-10:当用户单击一次 Command1 按钮,text 框中实现计数加 1,代码如图 4.13 所示。

图 4.12 声明模块变量

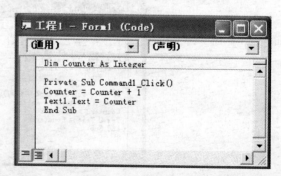

图 4.13 模块变量举例

运行程序,连续单击Command1依然可以实现预期结果。

4.5.3 全局变量

在窗体模块、标准模块的声明段中用Public声明的变量为全局变量。

如图4.14所示,在标准模块Module1的声明部分用Public声明了一个全局变量X,它在本工程的所有过程均有效。

用Public声明的变量,不但在本模块有效,在其他模块同样有效。但在窗体模块定义的全局变量被其他模块调用时必须指明窗体名。全局变量的值可用于应用程序的所有过程。

例4-11 全局变量举例。

```
Public a, b, c                                    '全局变量
Private Sub Form_click()
Dim a, b, c
a = 1: b = 2: c = 3
Form1.a = 4: Form1.b = 5: Form1.c = 6     '在Form1中定义的全局变量
Print "a = "; a, "b = "; b, "c = "; c
Print "form1.a = "; Form1.a, "form1.b = "; Form1.b, "form1.c = "; Form1.c
End Sub
```

图4.15所示为例4-11的运行结果图。

图4.14 声明全局变量

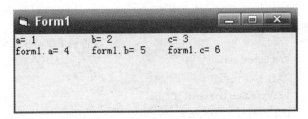

图4.15 例4-11的运行结果

4.6 案例实训

实例4-1 编写一个函数过程,统计一串字符中某个字符的出现次数,并在调用函数中调用它。

① 界面设计:图4.16所示为统计字符个数界面图。

第4章 过 程

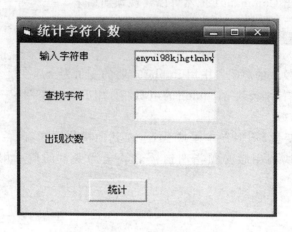

图 4.16 界面图

② 编写代码如下:

```
Public Function tongji(strMYM, sMYM) As Integer
Dim k%, i%
k = 0
For i = 1 To Len(str)              '循环依次遍历每个字符
    If Mid(str, i, 1) = s Then     '判断是否与检测字符相等
        k = k + 1                  '如果相等则计数
    End If
Next i
tongji = k                         '将结果赋给函数名
End Function
'事件过程代码:
Private Sub Command1_Click()
Dim c1MYM, c2MYM, m%
c1 = Text1.Text                    '取出文本框1为原串
c2 = Text2.Text
m = tongji(c1, c2)                 '调用函数过程进行查找
Text3.Text = m
End Sub
```

③ 结果运行图如图 4.17 所示。

实例 4-2 某班有 m 个同学,要选择 n 个学生参加合唱团,计算有多少种选派方法。

① 界面设计:图 4.18 所示为求组合数的界面图。

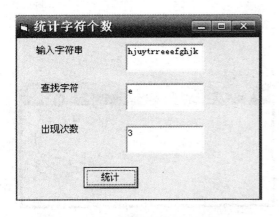
图 4.17 实例 4-1 结果运行图

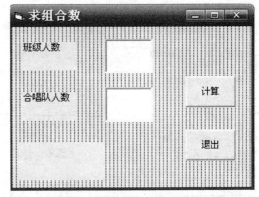
图 4.18 实例 4-2 界面设计图

② 编写代码如下：

```
Private Function factorial(ByVal n As Integer) As Double
Dim i As Integer, t As Double
t = 1
For i = 1 To n
t = t * i
Next i
factorial = t                                    '将结果赋给函数过程名
End Function


Private Sub Command1_Click()
Dim m As Integer, n As Integer, c As Double
m = Val(Text1.Text)
n = Val(Text2.Text)
c = factorial(m) / (factorial(n) * factorial(m - n))    '调用 factorial 函数过程
Label3.Caption = "共有" & c & "种选派方法"
End Sub
Private Sub Command2_Click()
End
End Sub
```

③ 运行结果如图 4.19 所示界面。

第4章 过 程

实例 4-3 变幻圆。

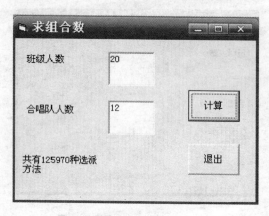
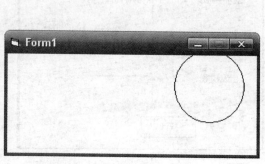

图 4.19　实例 4-2 结果运行图　　　　　图 4.20　实例 4-3 结果运行图

```
Private Sub Form_Load()
    Show
    Randomize
    Form1.BackColor = QBColor(15)            '设置背景颜色
    For i = 1 To 200                         '控制进行 200 次
        clr = Int(15 * Rnd)                  '产生 0～14 颜色码
        x = 400 + Int(4000 * Rnd)            '产生圆心 x 坐标值
        y = 400 + Int(4000 * Rnd)            '产生圆心 y 坐标值
        r = 300 + Int(500 * Rnd)             '产生圆半径 r 值
        Call plot(x, y, r, clr)
        delay 0.1                            '延时 0.1s
        Call plot(x, y, r, 15)
    Next i
End Sub
Private Sub delay(d)                         '延迟过程
    T = Timer + d
    Do While Timer < T                       '利用空循环实现延迟
    Loop
End Sub
Private Sub plot(x, y, r, clr)
    Form1.Circle (x, y), r, QBColor(clr)     '画圆
End Sub
```

第4章 过 程

本章小结

本章重点介绍了过程的声明和调用方法、参数的传递以及变量的作用域等问题。

在 VB 中，系统提供了大量的函数过程、事件过程，同时也允许用户根据需要自定义函数过程和子过程。过程应先声明后使用。过程声明中的参数为形式参数。过程调用语句中的重要参数除过程名称外，就是实际参数表，应注意它与形参表的对应关系。过程调用语句的常用格式有两种，"过程名＋实参表"以及"Call＋过程名＋实参表"，当使用后一种格式调用函数过程时，无法获得函数值。

过程调用时，形参变量值的变化是否影响实参变量的值，取决于参数传递的方式。值传递是将实参数值单向传递到形参的方式，形参值的变化不影响实参变量的值，此方式形参变量前面需加参数 ByVal。若在形参变量前面加参数 ByRef，表明参数传递方式为地址传递，这种情况下形参变量与实参变量共用相同的地址，形参变量值的变化直接影响实参变量的值，VB 默认的参数传递方式就是这种。

随着应用程序复杂程度的提高，一个应用程序中往往需要多个事件过程才能完成，正确设定变量的作用域是确保数据在多个过程间有效传递的方法之一，过程级变量、模块级变量、全局变量分别在过程内、窗体的多个过程间、整个应用程序中有效进行数据传递。

习 题

4.1 VB 的过程分为哪两大类？各有什么特点？

4.2 什么是值传递？什么是地址传递？有何区别？

4.3 指出下列通用过程中哪些是值传递，哪些是地址传递？并写出程序运行结果？

①
```
Sub p1(Byval x as Integer, Byval y as   Integer, z as Integer)
    z = x + y + z
    print "x = ";x,"y = ";y,"z = ";z
End Sub
Sub Form_click()
    Dim a as Integer, b as Integer, c as Integer
    a = 5:b = 8:c = 3
    p1 a,b,c
    p1 7,a + b + c,c
End Sub
```

②
```
Sub p2(Byval x as Integer, y as Integer)
    x = x + y:y = x - y
```

```
End Sub
Sub Form_click()
  Dim a as Integer, b as Integer
  a = 1:b = 2
  p2 a,b
  Print "a = ";a,"b = ";b
  P2 a,b
  Print "a = ";a,"b = ";b
End Sub
```

4.4 编写一个求数值 x 的符号函数(x>0 时符号变量 y=1、x=0 时符号变量 y=0、x<0 时符号变量 y=-1)。

4.5 利用调用子过程,实现两个整型变量的交换。

第 5 章 窗体及常用控件

【本章教学目的与要求】
- 掌握窗体的常用属性、事件和方法
- 熟悉多文档窗体的建立
- 常用控件的功能及属性、事件和方法

【本章知识结构】

图 5.0 为 Visual Basic 语言的窗体及常用控制件知识结构框图,以备读者对窗体及常用控件有深入的了解。

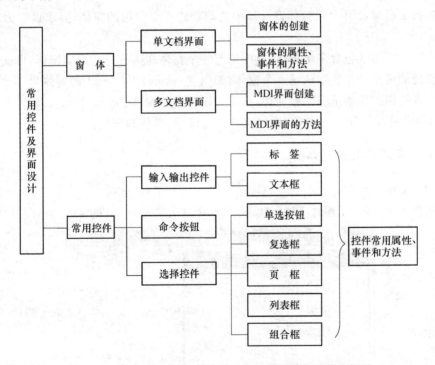

图 5.0 Visual Basic 语言的窗体及常用控制件知识结构框图

引 言

Window 用户界面主要有两种:一种是单文档界面(SDI:Single Document Intelface)即单

第 5 章 窗体及常用控件

一窗体,多文档界面(MDI:Multiple Document Interface)即多文档窗体。单文档界面每次只能打开一个窗体,要想打开另一个窗体,必须先关闭已打开的窗体。例如 Windows 中的记事本(WordPad)应用程序就是 SDI 界面;而多文档界面,一次可以同时打开多个不同的窗体,每个窗体完成不同的功能,窗体之间可以进行切换。在大型的应用程序开发中常会用到多文档界面,例如 VB 6.0 的集成开发环境就是一个典型的多文档界面。在每个窗体上可以建立用于不同功能的多个控件,便于用户直观的操作。本章我们将进行面向对象的图形界面设计介绍,主要包括:单文档界面、多文档界面、常用控件。

5.1 窗　体

窗体是 VB 最重要的对象,用于创建 VB 应用程序的用户界面或对话框,是包容用户界面或对话框所需的各种控件对象的容器。

在创建新工程时,VB 会在窗体设计器中自动新建一个空白的窗体,要求以它为起点创建程序。

一个应用程序通常包含多个窗体,其中应有一个窗体作为程序的启动窗体,也就是运行程序时首先出现的窗体。系统默认第一个窗体(为属性 Name)为 Form1 的窗体为启动(起始)窗体。用户也可使用工程菜单→工程属性,自定义设置起始窗体。

作为 VB 程序里的第一个对象,窗体有自己的属性、事件和方法。

5.1.1 单文档界面

1. 创建窗体

当用户建立一个新的工程时,VB 会自动给出一个默认名为 Form1 的窗体,如图 5.1 所示。

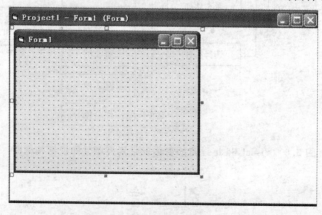

图 5.1 新建默认窗体

创建新窗体的具体步骤为：

① 从"工程"菜单中选择"添加窗体"菜单项，或者使鼠标指向工程资源管理器中的工程，单击右键，从弹出的快捷菜单中选择"添加"菜单下的"窗体"菜单项。

② 在默认情况下，系统将显示如图5.2所示的"添加窗体"对话框。

③ 在"添加窗体"对话框中有两个选项卡，"新建"选项卡用于创建一个新的窗体，例如，从列出的各种新的窗体类型中选择"窗体"选项，按"打开"按钮，即可添加一个新的空白窗体到当前工程中，并且显示在屏幕上。"现存"选项卡用于选定一个已存在的窗体添加到当前工程中。

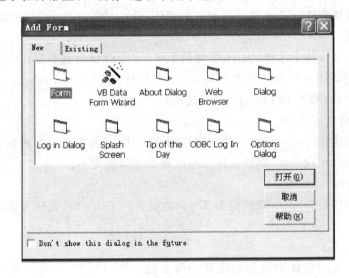

图 5.2 "添加窗体"对话框

2. 窗体的属性

窗体属性决定着窗体的外观和行为。新窗体创建后，要根据应用程序的具体要求设置或修改窗体的属性，编写事件代码。窗体属性可以通过属性窗口来设置或修改，也可以在程序中通过编写代码来设置。

下面介绍有关窗体的主要属性。

(1) Appearance 属性

该属性决定在运行时的显示方式，其属性值可以为 0 和 1。0 表示以平面方式显示，1（默认值）表示以 3D 方式显示。

(2) Name 属性

该属性用来定义窗体的名称。名称是在程序代码中使用的对象名。Name 属性只能在设计阶段通过属性窗口来设置，不能在程序代码中设置。

(3) Caption 属性

该属性用来设置窗体的标题，默认值为 Form1、Form2……。

第 5 章　窗体及常用控件

(4) BackColor 属性

该属性决定窗体的背景颜色。若用户要改变背景颜色,常用的方法是单击 BackColor 属性值栏内右侧的下拉列表框按钮,弹出一个下拉组合框,通过调色板和系统两种方式选择颜色。BackColor 属性的默认值为一个十六进制 VB 常量 &H8000000F&。在事件过程中,通过程序代码设置 Backcolor 的属性值。也可以通过颜色值或颜色常量、RGB 函数、QBcolor 函数等设置 Backcolor 的属性。

(5) ForeColor 属性

该属性用来设置窗体上文本或图形的前景颜色,设置方法同 BackColor 属性。

(6) Font 属性

该属性用来设置窗体上字体、大小、字体效果等。7 个字体属性为 FontName(字体名称)、FontSize(字体大小)、FontBold(黑体)、Fontltalic(斜体)、FontStrikethru(加删除线)、FontUnderline(加下画线)和 FontTransparent(透明)。

(7) Enabled 属性

该属性决定窗体是否响应用户事件。属性值可为 True 或 False,若该值被设置为 False,则表示窗体不能接收用户操作,而且窗体也不能移动或调整大小。

(8) Visible 属性

该属性决定窗体是否可见,默认值为 True,当设置为 False 时,窗体及其上面的对象都将被隐藏。

(9) Picture 属性

该属性用于设置在窗体中显示的图片。可在属性窗口设置,也可以在程序代码中利用 LoadPicture 函数设置该属性值,其语句格式为:

对象名.Picture=LoadPicture([文件名])

若不指定文件名,则该函数返回一个空白图形,可用来清除窗体的图片。

(10) WindowState 属性

该属性决定窗体运行时的显示状态,共有三种属性值 0— vbNormal、1—vbMinimized、2—vbMaximized。

(11) Height 属性与 Width 属性

该属性分别决定窗体的高度和宽度,包括边框和标题栏在内,单位为 Twip。

(12) Left 属性与 Top 属性

该属性分别定义窗体内部最左端和最上端与包含它的容器的最左端和最上端之间的距离,单位为 Twip。

(13) AutoRedraw 属性

该属性决定 VB 自动刷新或重画该窗体上的所有图形,若该属性设置为 False,则 VB 必须调用 Paint 事件过程来执行这项任务。

(14) ClipControls 属性

决定与窗体的 Paint 事件有关的绘图方法是重画整个对象,还是重画新显示的区域。默认值为 True,表示重画整个对象。该属性在运行时为只读。

例 5-1 试编程实现当连续单击窗体 Form1 时,窗体背景颜色在红、绿、蓝三种之间循环改变。

设计步骤如下:

(1) 算法分析

程序设计的关键是要在窗体的 Click 事件过程中,根据当前窗体的背景色来决定变成何种背景颜色。在设计阶段,将窗体 Form1 的初始背景色可设置为红色。

(2) 编写程序代码

```
Private Sub Form1_Click()
    Dim nowcolor,nextcolor As Long
    nowcolor = Form1.BackColor           '读取当前窗体的背景色(backcolor)的值
    If nowcolor = vbRed Then             '根据当前颜色调整新的背景色
        nextcolor = vbGreen
    ElseIf nowcolor = vbBlue Then
        nextcolor = vbRed
    Else
        MsgBox"窗体背景色错误!"
        ExitSub
    End If
    Form1.BackColor = nextcolor          '变更背景色
End Sub
```

(3) 运行结果

运行结果如图 5.3 所示。

图 5.3 例 5-1 运行结果图

3. 窗体的常用事件

VB 采用事件驱动的编程机制。窗体能够响应绝大多数 VB 事件,且大部分也是其他控件的常用事件。窗体的全部事件可以在"代码编辑器"窗口的过程列表框中看到。

常见的窗体事件包括 Click、Load、Activate、Unload 等一系列系统事件及鼠标事件、键盘事件等。

(1) Click 事件

Click 事件是最常见的事件。程序运行时,当用户单击窗体时触发该事件。但是如果用户单击窗体上所含的控件时,则不会引发窗体的 Click 事件,而是引发该控件的 Click 事件。事件过程格式为:

```
Private Sub Form_Click()
    过程代码
End Sub
```

(2) DblClick 事件

DblClick 事件是用户在窗体的同一地点双击鼠标按钮时引发的事件。此过程实际上触发了两个窗体事件:click 事件和 DblClick 事件。事件过程格式为:

```
Private Sub Form_DblClick()
    过程代码
End Sub
```

(3) Load 事件

Load 事件是将窗体加载到内存中时发生的第一个被执行的事件,由系统操作触发或 Load 语句触发。通常利用该事件对应用程序进行初始化设定工作。事件过程格式为:

```
Private Sub Form_Load()
    过程代码
End Sub
```

(4) Activate 事件

在程序运行过程中,当一个窗体变成活动窗体时触发该事件。事件过程格式为:

```
Private Sub Form_Activate()
    过程代码
End Sub
```

使一个窗体成为活动窗体的方法有三种:一是运行时单击窗体;二是在程序代码中用 Show 方法显示该窗体;三是在代码中调用 SetFocus 方法使该窗体获得焦点,从而成为活动窗体。

(5) Unload 事件

当从内存中卸载窗体时触发 Unload 事件。利用 Unload 事件可在关闭窗体或结束应用程序时做一些必要的善后处理工作;例如让用户确认是否退出应用程序。Unload 事件的事件过程格式为:

Private Sub Form_Unload(Cancel As Integer)
End Sub

其中参数 Cancel 可设置为 0 或非 0 值。当设置为 0(默认值)时,表示允许关闭窗体的操作;当设置为非 0 时,则表示取消前关闭窗体的操作。

4. 窗体的常用方法

(1) Print 方法

格式:[窗体.]Print [输出表]

功能:可在窗体上显示文体、字符串或表达式的值,并可以在其他图像或打印机上输出信息。

说明:"输出表"是一个或多个表达式。

省略列表,输出一个空行;

若多个表达式,之间可用逗号(,),分号或空格间隔;

(逗号):按标准格式显示数据项,以 14 个字符位置为单位把输出行分成若干个区段,每区段输出一个表达式的值;

(分号或空格):按紧凑格式输出。

例:
```
Private Sub Form1_Click()
    a = 3: b = 4
    Print a, b, 4 + a,
    Print 2 * b
    Print a,  b
    Print "a = "; a, "b = "; b
End Sub
```

运行结果如图 5.4 所示界面。

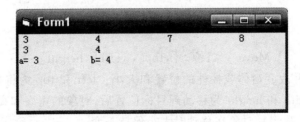

图 5.4 运行结果图

与 Print 方法有关的函数

① Tab[(n)]函数:把输出位置移到第 n 列。例:

Print Tab(2);"学号";Tab(11);"姓名";Tab(21);"成绩"

第 5 章 窗体及常用控件

输出结果是(1 个汉字占 2 个位置)：
学号　　姓名　　成绩

② Spc(n)函数：在输出下一项之前插入 n 个空格。例：
Print "学号";Spc(2);"姓名";Spc(5);"成绩"
输出结果是(　表示空格)：
学号　　姓名　　　　成绩

(2) Show 方法

格式：[<窗体名>].Show
功能：将窗体显示在屏幕上。
注意：在显示窗体之前,常常需要先装载窗体,需要利用 Load 语句。
语句格式：Load <窗体名>
功能：将窗体装入内存,并不显示窗体。

(3) Hide 方法

格式：[<窗体名>].Hide
功能：隐藏窗体,使窗体变为不可见,但仍保留在内存中。

当一个应用程序包括多个窗体时,可以通过 show 方法与 hide 方法快速切换不同的窗口,便于用户的访问。

例 5-2　实现将指定的窗体在屏幕上显示或隐藏的切换。
程序代码如下：

```
Private Sub Form_Click()
    Form1.Hide                              '隐藏窗体
    MsgBox "单击确定按钮,使窗体重现屏幕"     '显示信息
    Form1.Show                              '重现窗体
End Sub
```

(4) Move 方法

格式：[<对象名>].Move　<left>[,top[,width[,height]]
功能：用于移动并改变窗体或控件的位置和大小。left 和 top 为将要移动对象的目标位置的 X 和 Y 坐标,width 和 height 为移动到目标位置后,对象的宽度和高度,以此可改变对象的大小,省略这两个参数表示对象在移动时大小保持不变。

例如：要将窗体移动到屏幕居中显示,且窗体大小不变。可编写语句为：

Form1.Move(Screen.Width—Form1.Width)/2,(Screen.Height—Form1.Height)/2

例 5-3　设计应用程序：要求窗体的大小为屏幕的 1/2,且居中显示;窗体显示红字,字体为：粗黑体,大小:14,窗体标题栏显示：窗体常用属性举例。

```
Private Sub Form_Load()
    Form1.Caption = "窗体常用属性举例"
    Form1.Width = Screen.Width * 0.5
    Form1.Height = Screen.Hoight * 0.5
    Form1.Left = (Screen.Width - Form1.Width) * 0.5
    Form1.Top = (Screen.Height - Form1.Height) * 0.5
End Sub
Private Sub Form_Click()
    Forecolor = vbRed
    Fontname = "黑体":Fontsize = "14"           '当前窗体对象名可以省略
    FontBold = True:Fontunderline = False
    Print "窗体常用属性举例"
End Sub
```

例 5-3 运行结果如图 5.5 所示。

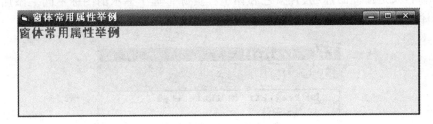

图 5.5 例 5-3 运行图

(5) Cls 方法

格式：对象名.Cls

功能：清除由 Print 方法显示的文本或在图片框中显示的图形,并把光标移到对象的左上角(0,0),对象可以是窗体或图片框,省略对象,则清除当前窗体的显示内容。

5.1.2 多文档界面

多文档界面(MDI)是目前极其常见的一种 Windows 图形界面,一般大型的应用程序都采用这种图形界面。

MDI 应用程序所创建的是在单个容器窗体中包含多个子窗体的用户界面。每个包含文档的子窗体均被放置在父窗体中,父窗体为所有的子窗体提供工作空间。它负责管理包含在其中每个子窗体及其对它们的操作。子窗体的设计与普通窗体一样,只需要把它的 MDIChild 属性设置为 Tue。MDI 与多窗体不同,多窗体程序中的各个窗体是相互独立的,而不是"父子"关系。

多文档界面具有以下特点：

① 一个 MDI 应用程序只能有一个父窗体。

② 在程序运行时，子窗体将显示在 MDI 窗体的工作区内，子窗体移动位置、改变大小只能在父窗体的工作区内。子窗体最小化时，其窗体图标亦显示在父窗体的工作区内。

③ 所有 MDI 应用程序都具有菜单，并且 MDI 窗体和每一个子窗体都可以有菜单，当子窗体加载时覆盖 MDI 窗体的菜单。

1. 创建 MDI 应用程序

创建 MDI 应用程序的方法与普通应用程序相似，具体步骤如下：

① 新建一个"标准 EXE"类型的工程。

② 创建 MDI 窗体。

首先在工程中添加一个 MDI 窗体，方法为：选择"工程"菜单下的"添加 MDI 窗体"子菜单项，显示"添加 MDI 窗体"对话框，如图 5.6 所示。选择"新建"选项下的"MDI 窗体"后，单击"打开"按钮，此时，在工程中就添加了一个默认名称为 MDIForm1 的 MDI 窗体，其外观几乎与一般窗体相同，只是窗体的标题、背景色和在工程资源管理中显示的图标不同。添加到工程中的 MDI 窗体，可以通过属性窗口来设置或修改其属性值。

图 5.6 添加一个 MDI 窗体

③ 利用菜单编辑器建立：MDI 窗体的菜单，其方法与窗体的菜单设计相同。菜单设计在后面的内容中加以阐述。

④ 向 MDI 窗体中添加子窗体。

要创建 MDI 子窗体，首先应在工程中建立一个普通窗体，然后再修改其 MDIChild 属性为 True，表示该窗体为一个 MDI 子窗体。如此可以创建多个 MDI 体，并且其样式可以互不相同。在大多数 MDI 应用程序中，所打开的子窗体的形式结构是完全相同的，此时一般采用定义窗体数组的方式来实现。例如，在子窗体 Form1 的 MDI 窗体工程中添加一个标准模块 Module1，并在其中编写如下代码：

```
Option Explicit
Public childformcount As Integer
Public newchildform(1)    As NewForm1
```

其中：childformcount 用来表示当前打开的子窗体数目；newchildform 为继承 Forml 所有控件及其属性、事件和方法的窗体数组，此后在程序中就可以仍然用 Show 方法动态显示、处理子窗体，例如：ewchildform(1).Show。

⑤ 如果需要的话，为子窗体设计菜单。

⑥ 运行程序，通过调试后保存工程。

2. MDI 窗体的方法

MDI 窗体支持 Arrange 方法，用来设定其子窗体显示时的排列方式。

Arrange 方法格式为：＜MDI 窗体名＞.Arrange ＜Arrangement＞

其中，对象为 MDI 窗体的名称。Arrangement 参数定义子窗体布置方式，其参数值为 0～3 之间的某一个值，参数说明如表 5-1 所列。

表 5-1　Arrangement 参数说明

参数值	说　明
Vbcascade—0	层叠所有非最小化 MDI 子窗体
Vbtilehorizontal—1	水平平铺所有非最小化 MDI 子窗体
Vbtilevertical—2	垂直平铺所有非最小化 MDI 子窗体
Vbarrangelcons—3	重排最小化 MDI 子窗体的图标

例如：`MDIForml.Arrange vbCascade`   '子窗体以层叠方式排列

5.2　常用控件

VB 提供了 20 个标准控件，合理使用各种控件、熟练掌握各个控件的属性设置和方法、灵活编写各种事件处理过程，是学习 VB 程序设计的需要。

5.2.1　基本输入、输出控件

基本输入、输出控件主要包括标签(Label)与文本框(TextBox)。

标签与文本框控件是 VB 中两个重要的用于显示和输入数据的基本控件。标签常用来显示静态文本信息，文本框则用来接收或提示用户的输入输出信息。

1. 标　签

在 VB 的工具箱里，用 可以在窗体上创建一个标签控件，默认名称为 Labell、Label2……，

第 5 章　窗体及常用控件

通常用来显示比较固定的提示性信息。

(1) 标签的常用属性

① Caption 属性：这是标签控件最重要的属性，用来设置在标签中显示的文本，默认值为 Label1、Label2…，文本的最大长度为 1 024 Byte。

可以通过属性窗口设置 Caption 属性，也可以在程序代码中设置。例如：Label1.Caption＝"姓名"。

② Alignment 属性：用来决定标签上显示文本的对齐方式，其值可为 0、1 或 2，分别表示左对齐、右对齐和居中显示。

③ AutoSize 属性：按文本内容长度自动调整标签大小，默认值为 True。

④ WordWrap 属性：标签中的文本一般是单行显示的，若要多行显示，应将标签的 WordWrap 属性设置为 True，若同时设置 AutoSize 属性为 True，则能够自动调整标签的宽度和高度进行显示。

⑤ BackStyle 属性：设置标签控件的背景是否为透明，默认值为 1，表示不透明。

⑥ BorderStyle 属性：设置标签控件是否有边框，其值可为 0 或 1。默认值 0 表示无边框，1 表示有单线边框。

(2) 标签的事件

标签能响应大多数事件，其中常用的事件有 Change 事件和 Click 事件。当标签显示的文本内容发生变化时触发 Change 事件。

2. 文本框

文本框是 VB 的一个重要控件，可用来显示和输入数据，且具有复制、剪切、粘贴和删除等功能。在 VB 的工具箱里，用 abl 可以在窗体上创建一个文本框控件，文本框的默认名称为 Text1、Text2……。

(1) 文本框的常用属性

① Text 属性：用于设置或返回文本框中显示的文本内容，默认值为 text1。
例如：

```
Text1.Text = "1234"
Text1.Text = ""            '清除文本框内容
```

② Alignment 属性：设置文本框的文本对齐方式，默认值 0 表示左对齐，1 表示右对齐，2 表示居中。

③ Multiline 属性：决定文本框是否以多行方式显示文本。其默认值为 False，表示文本框只能以单行方式显示或输入文本，超出文本框控件宽度的文本会被系统自动截取。若其值设置为 True，则表示文本框可输入或显示多行文本，且在每一行文本的后面插入回车换行符，即"Chr(13)＋Chr(10)"。

④ Maxlength 属性：决定文本框中文本的最大长度，即 Text 属性中允许放入的字符个数。默认值为 0，指出对于单行显示的文本框来说，最大长度为 2 KB；对于多行显示的文本框而言，最大长度为 32 KB。若其值被设置为大于 0 的整数，表示用户可输入的最大字符数。运行时如果输入超过 MaxLength 属性设置值的文本，则系统不会接受超出部分，同时发出"嘟嘟"的警告声。

⑤ PasswordChar 属性：决定在文本框中是否显示用户输入的字符，常用于密码输入。当为该属性设置一个字符，如"*"后，则用户输入到文本框中的任何字符都将以"*"替代显示，而在内部输入的文本内容并不会改变，因此可作为密码使用。注意，只有在 Multiline 属性被设置为 False 的前提下，Passwordchrm 属性才能起作用。

⑥ ScrollBars 属性：设置在文本框中是否出现水平或垂直滚动条。共有 4 个可设置的属性值：默认值为 0 表示不出现滚动条；默认值为 1 表示出现水平滚动条；默认值为 2 表示出现垂直滚动条；默认值为 3 表示同时出现水平滚动条和垂直滚动条。但是使属性值为 1、2、3 有效的前提是 Multilline 属性必须被设置为 True。

⑦ Locked 属性：设置文本框是否可以进行编辑修改。默认值为 False，表示文本框可编辑修改；若设为 True，则表示文本框只读。

(2) 文本框的常用事件

文本框可响应绝大多数事件，常用的有 Change、GotFocus、LostFocus、鼠标事件以及键盘。其中 change 事件、Lostfocus 和 KeyPress 事件最为重要。

① Change 事件：当文本框的 Text 属性内容发生变化时，触发文本框的 change 事件。常在该事件过程中编写程序代码对文本内容进行具体处理。

例如：要求 Text1 中输入的内容能够自动复制到 Text2 中，可以通过 Change 事件完成。

```
Private Sub Text1_Change()
    Text2.Text = Text1.Text
End Sub
```

② LostFocus 事件：当在文本框中输入数据时，如果使用 Tab 键离开该文本框或者用单击其他对象，就会触发 LostFocus 事件。常利用该事件来判断文本框中的当前输入内容的有效性，以此决定是否转移焦点。

例如：要求 Text1 中输入的数据介于 80～100 之间（包括 80,100）。

```
Private Sub Text1_LostFocus ()
    X = val(Text1.Text)
    If X < 80 Or X > 100 Then
        MsgBox "输入的数据必须介于 80～100 之间！",48
        Text1.Text = ""
        Text1.Setfocus
```

```
        End If
    End Sub
```

在焦点移动过程中,当一个对象失去焦点时,则触发该对象的 LostFocus 事件,而当一个对象获得焦点时,将触发该对象的 GotFocus 事件;GotFocus 和 LostFocus 事件是同时发生的,只不过作用的对象不同,获得焦点的一方发生 GotFocus 事件,而原来拥有焦点的一方同时发生 LostFocus 事件。

③ KeyPress 事件:当用户在文本框中键入文本时,每按一次键就发生一次 KeyPress 事件。通过 KeyPress 事件返回的参数(按键的 ASCII 码)可判断所键入的字符是否合法。

例如:在一个要求输入数值的文本框中判断是否出现了字母等非法字符。

```
Private Sub Text1_KeyPress(KeyAscii As Integer)
    If KeyAscii < 48 Or KeyAscii > 57 Then    '0~9 数字的 ASCII 码在 48~57 之间
        MsgBox "输入的字符必须是 0~9 数字!", 48
        KeyAscii = 0                          '取消输入的字符
    End If
End Sub
```

(3) 文本框的常用方法——Setfocus 方法

格式:<对象名>.SetFocus

功能:该方法可用来使文本框取得输入焦点,使光标在文本框中闪烁。

Setfocus 方法的应用见 LostFocus 事件中的举例应用。

5.2.2 命令按钮

命令按钮是 Window 程序中最常见的一种命令控制方式,用于接收用户的操作信息,并引发应用程序的某个操作。当用户单击命令按钮或者选中命令按钮单击<Enter>回车键时,就会激活相应的事件过程。在 VB 工具箱里,用 ▭ 可以在窗体上创建一个命令按钮控件,命令按钮的默认名称为 Conunandl、Command2……。

1. 命令按钮的常用属性

(1) Caption 属性

用来决定显示在命令按钮上的文本,即标题。默认值为 Conunandl、Command2……。可以在属性窗口中设置该属性,也可以在程序中通过代码改变其值,例如:

Commandl.Caption="退出"   '使命令按钮 CommandI 的标题更新为"退出"

利用 Caption 属性还可以为命令按钮设置访问键,方法是:在设置 Caption 属性时,若想作为访问键的字母前面加上一个"&"符号。

例如,将 Caption 属性设置为"退出(&x)"。只要用户同时按下<Alt>键和<X>键,就能执行"退出"命令按钮。

(2) Cancel 属性和 Default 属性

窗体上放置的命令按钮中常会有一个默认按钮和一个取消按钮。所谓默认按钮是指无论当前焦点位于何处,只要用户按下<Enter>回车键,就能自动执行该命令按钮的 Click 事件过程;而取消按钮则指只要用户按下<Esc>键,就能自动执行此命令按钮的 Click 事件过程。

命令按钮的 DefauIt 属性和 Cancel 属性分别用于设置默认按钮和取消按钮,当其值设置为 True 时,表示将对应的命令按钮设定为默认按钮或取消按钮。

注意:一个窗体只能设置一个默认按钮和一个取消按钮。

(3) Enabled 属性和 Visible 属性

决定命令按钮是否可用和可见,其默认值为 True。当设置 Enabled 属性为 False 时,运行时命令按钮将以不可用的浅灰色显示,不能被按下。当 Visible 属性被设置为 False 时,命令按钮在运行时不可见。

(4) Style 属性

设置命令按钮是否以图形方式显示。默认值 0 表示以标准的 Windows 按钮显示;其值为 1,表示以图形按钮显示,此时可利用 Picture、DownPicture 和 DisabledPicture 属性指定命令按钮在不同状态下的图片。

(5) Picture 属性、DownPicture 属性和 DisabledPicture 属性

当 Style 属性值为 1 时,Picture 属性用于指定命令按钮在正常状态下显示的图片;DownPicture 属性用于设置命令按钮被按下时显示的图片;DisabledPicture 属性用来决定按钮不可用时显示的图片。

(6) Value 属性

用于以程序方式激活并自动按下命令按钮。例如,执行下列语句:

Command 1. Value = True

将自动触发该命令按钮的 Click 事件,执行事件处理过程。

2. 命令按钮的常用事件

命令按钮常用的事件有 Click 事件、GotFocus 事件、LostFocus 事件以及键盘事件和鼠标事件,它们基本与窗体事件相同。一般在程序中通过对 Click 事件编程实现响应用户按下命令按钮的操作。

3. 命令按钮的常用方法

命令按钮常用的方法为 SetFocus 方法。

例 5-4 编写一个程序,接收并判断用户在文本框中输入密码的正确性。

设计步骤如下:

第5章 窗体及常用控件

(1) 界面设计

在窗体上放置两个命令按钮、一个标签和一个文本框。控件的属性设置如表 5-2 所列。

表 5-2　例 5-4 中控件的属性设置

控件名称	属性名称	属性值
Form1	Caption	密码问题
Command1	Caption	确　定
Command2	Caption	取　消
Label1	Caption	请输入密码：
Text1	Text	空
	PasswordChar	*
	MaxLength	6

(2) 事件过程

```
Private Sub Command1_Click()
  If Text1.Text = "123456" Then
    MsgBox ("密码输入正确!")
    End                                   '结束密码输入程序
  Else
    MsgBox ("密码输入错误,请重新输入!!")
    Text1.Text = ""                       '重新输入密码前,清除上次的错误输入的内容
    Text1.SetFocus                        '定位输入焦点在文本框中
  End If
End Sub
Private Sub Command2_Click()
  End                                     '结束密码输入程序
End Sub
```

(3) 程序运行界面

程序运行界面如图 5.7 所示。

例 5-5　试设计一个美元兑换人民币的应用程序,界面如图 5.8 所示。单击"换算"按钮时,按照"人民币=美元*汇率"公式进行计算,并将结果显示在人民币文本框中;按"清除"按钮则将当前的美元、汇率和人民币三个文本框清空。

设计步骤如下:

① 新建标准 EXE 类型的工程,构造如图 5.8 所示的用户界面。在窗体 Form1 中添加三个标签、三个文本框、三个用于执行"换算"、"清除''和"退出"命令的命令按钮。

图 5.7　例 5-4 程序运行结果

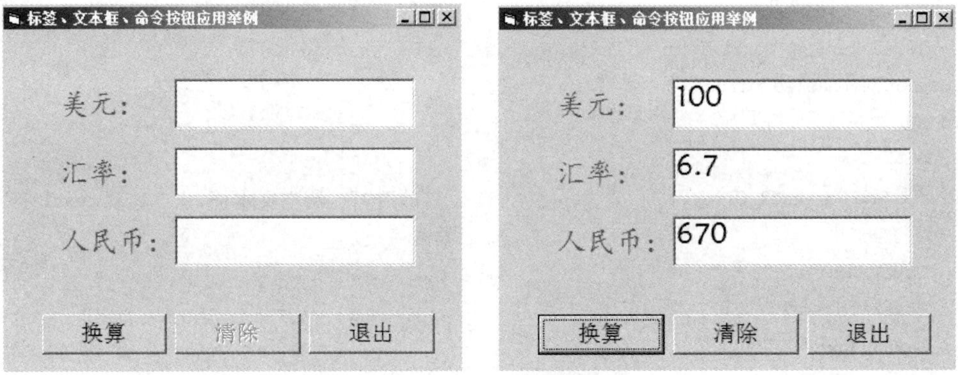

图 5.8　例 5-5 程序运行结果

② 在属性窗口中对窗体 Forml 及各控件进行属性设置，如表 5-3 所列。

表 5-3　例 5-5 中控件的属性设置

对　象	属性名称	属性值	备　注
Forml	Caption	标签、文本框、命令按钮应用举例	
Label1	Caption	美　元	
Label2	Caption	汇　率	
Label3	Caption	人民币	
Command1	Caption	换　算	
Command2	Caption	清　除	
Command3	Caption	退　出	

③ 打开代码窗口，编写程序代码如下：

Private Sub Form_Load()　　　　　　　　'初始化

```
        Text1.Text = " "
        Text2.Text = " "
        Text3.Text = " "
        Command2.Enabled = False
    End Sub
    Private sub command1_click()                '"换算"按钮,进行人民币计算
        If Text1.Text = ""Or Text2.Text = ""Then
            MsgBox "请输入美元或汇率数值!"
            Text1.SetFocus
            Exit Sub
        End If
        Text3.Text = Text1.Text * Text2.Text
    Command2.Enabled = True
End Sub

Private Sub Command2_Click()                    '"清除"按钮,清空文本框,焦点移到Text1上等待
                                                '输入
        Text1.Text = " "
        Text2.Text = " "
        Text3.Text = " "
        Text1.SetFocus
Command2.Enabled = False
End Sub
Private Sub Command3_Click()                    '"退出"按钮,结束应用程序
    End
End Sub
```

④ 运行程序,并保存工程。

5.2.3 选择性控件

单选按钮和复选框是为方便用户进行选择操作而提供的两个标准控件,它们一般以控件数组的形式出现。

单选按钮常用于处理多选一的情况,表示一组互斥的选项,用户只能从中选择一个。复选框显示选定状态,用户可从多个选项中选择一个或多个。

1. 单选按钮

在 VB 的工具箱里,用 ⊙ 可以在窗体上创建一个单选按钮控件,默认名称为 Option1、Option2…。

(1) 选项按钮的常用属性

① Caption 属性：决定选项按钮上显示的标题文本，说明该选项按钮的功能。

② Value 属性：表示选项按钮的当前状态。当其属性值为 True 时，表示该选项按钮被选中。在同一组选项按钮中，任何时候只能设置一个选项按钮的 Value 属性为 True，其余选项按钮的 Value 属性自动变为 False。

③ Style 属性：用于决定选项按钮的样式。默认值为 0 时，为标准选项按钮；其值为 1 时，以图形方式显示选项按钮，此时可用 Picture 属性、DownPicture 属性和 DisabledPicture 属性装入图片来表示其不同状态。

④ Picture 属性、DownPicture 属性和 DisabledPicture 属性：当 Style 属性设置为 1 时，这三个属性分别用来设定选项按钮正常显示时、选中时及不可用时出现的图片。

(2) 选项按钮的常用事件和方法

选项按钮最常用的是 Click 事件。当单击选项按钮时产生 Cllick 事件，可在该事件过程中编程实现此选项的功能。

选项按钮常用的方法有 SetFocus、Move 方法。

2. 复选框

复选框与单选按钮相似，也可用于用户的选择操作。在 VB 的工具箱里，用 ☑ 可以在窗体上创建一个复选框控件，默认名称为 Checkl、check2…。

运行时，单击复选框控件则在矩形框中出现一个"√"符号，表示被选中；若再次单击该复选框，则"√"消失，表示未选中。

(1) 复选框的常用属性

复选框的属性大多与选项按钮相同，常用的属性有 Caption、Value、Style 和 Picture、DownPicture、DisabledPicture 属性。其中除 Value 属性与单选按钮有区别外，其余与单选按钮完全相同。

Value 属性用于设置或返回运行时复选框的当前状态。默认值为 0，表示未被选中，复选框控件中不出现"√"；属性值为 1 表示被选中，控件中出现"√"；属性值为 2，该控件以浅灰色显示，运行时用户只能看到其当前状态，但却不能改变。

(2) 复选框的常用事件与方法

复选框常用的事件和方法与选项按钮相同，最重要的事件为 Click 事件。

3. 框架

框架是一种比较特殊的容器控件，常作为辅助性控件使用，可将多个选项按钮或复选框控件按功能分组。在 VB 的工具箱里，用 ⌗ 可以在窗体上创建一个框架控件，默认名称为 Framel、Frame2…。

当用框架将多个控件划分成一组时，应先在窗体上放置框架，然后再在框架控件内放置其

第 5 章 窗体及常用控件

他控件。

框架本身没有任何方法和可响应的事件,常用的属性有以下三个:

① Caption 属性:用于决定框架显示的标题,表明框架中的内容。若将其设为空,则框架为封闭的边框。

② Enabled 属性:决定该控件是否可用。默认值为 True,若设置为 False,则表示不允许用户操作框架中的任何控件。

③ Visible 属性:设定框架是否可见,包括其中的控件在内。默认值为 True,表示可见。

例 5-6 用单选框有选择地计算 1~10 这 10 个自然数的和、积、均值,并将结果显示在窗体的文本框中,用另一组单选框有选择地指定文本框中显示内容的字体(宋体、楷体、隶书或黑体),用一组复选框设置输出字体的格式(加粗、倾斜、下画线)。

设计步骤如下:

(1) 界面设计

对象的属性设置如表 5-4 所列。

表 5-4 例 5-6 中控件的属性设置

对象名称	属性名称	属性值
Form1	Caption	单选框、复选框、框架的应用
Frame1	Caption	计算选择
Frame2	Caption	字体选择
Text1	Text	空
Option1	Caption	和
Option2	Caption	积
Option3	Caption	均 值
Option4	Caption	宋 体
Option5	Caption	楷 体
Option6	Caption	隶 书
Option7	Caption	黑 体
Check1	Caption	加 粗
Check2	Caption	倾 斜
Check3	Caption	下画线

(2) 事件过程

```
Private Sub Form_Load()
    Text1.FontSize = 24
End Sub

Private Sub Option1_Click()
    Dim i As Integer, s As Integer
    s = 0
    For i = 1 To 10
        s = s + i
    Next i
    Text1.Text = s
End Sub

Private Sub Option2_Click()
    Dim i As Integer, s As Long
    s = 1
    For i = 1 To 10
        s = s * i
    Next i
    Text1.Text = s
End Sub

Private Sub Option3_Click()
    Dim i As Integer, s As Integer
    s = 0
    For i = 1 To 10
        s = s + i
    Next i
    s = s / 10
    Text1.Text = s
End Sub

Private Sub Option4_Click()
    Text1.FontName = "宋体"
End Sub

Private Sub Option5_Click()
    Text1.FontName = "楷体"
End Sub

Private Sub Option6_Click()
    Text1.FontName = "隶书"
End Sub

Private Sub Option7_Click()
    Text1.FontName = "黑体"
End Sub

Private Sub Check1_Click()
    If Check1.Value Then
        Text1.FontBold = True
    Else
        Text1.FontBold = False
    End If
End Sub

Private Sub Check2_Click()
    If Check2.Value Then
        Text1.FontItalic = True
    Else
        Text1.FontItalic = False
    End If
End Sub

Private Sub Check3_Click()
    If Check3.Value Then
        Text1.FontUnderline = True
    Else
        Text1.FontUnderline = False
    End If
End Sub
```

(3) 程序运行结果

程序运行结果如图 5.9 所示。

第 5 章　窗体及常用控件

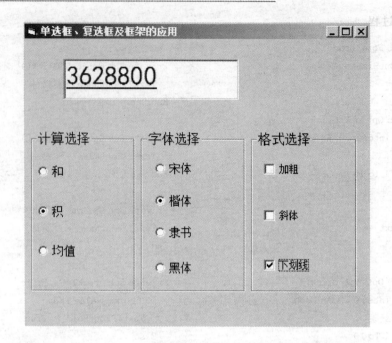

图 5.9　例 5-6 运行结果

4. 列表框(ListBox)

列表框控件以列表形式列出全部选项,供用户从中选定一个或多个选项。在 VB 的工具箱里,用可以在窗体上创建一个列表框控件,默认名称为 List1、List2…。

(1) 列表框的常用属性

① List 属性:以一维数组形式表示列表框中所列出的全部选项,每个数组元素对应于一个显示的列表选项。该属性可通过属性窗口来设置,也可以在代码中修改。例如:

List1. List(0) = "李冰"

'将列表框中的第一个列表选项(对应 List 数组中下标为 0 的元素)

设置为"李冰"

② ListIndex 属性:设置或返回列表框控件中当前选定的列表选项的编号,即用户最后一次单击的列表选项在 List 数组中的下标。第一个列表选项的编号为 0、第二个列表选项的编号为 1、…,依次类推。该属性只能在程序代码中使用。

③ Text 属性:返回用户最后一次单击的列表选项的显示文本,即对应 List 数组元素的值。

注意:List、ListIndex 与 Text 属性三者之间存在如下的关系,即 List1. Text = List1. List(List1. ListIndex)。

④ ListCount 属性:设置为返回列表框中所有列表选项的总数目,即 List 数组元素的个

数。该属性只能在程序代码中使用。

⑤ MultiSelect 属性：决定是否允许用户同时选中多个列表选项。属性值为 0～2，默认值为 0 表示不允许多重选择，用户一次只能选中一个选项；值为 1 表示可进行简单的多重选择，用户可用鼠标单击或按下键盘上的＜Space＞键来多重选中或撤消选中某列表选项，但一次只能增加或减少一个选中的选项；值为 2 表示允许进行高级的多重选择，与 Windows 操作方式相同，用户可用(Ctrl)键和(Shift)键来多重选取列表选项。

⑥ Selected 属性：以一维数组的形式存在，用于决定某个列表选项当前是否被选中，其大小与 List 数组相同。例如：

List1.Selected(0) = True   '表示列表框控件的第一个列表选项被选中

⑦ Columns 属性：当列表选项超过列表框的可显示范围时，列表框上会自动出现滚动条，Columns 属性为默认值 0 时表示以单列显示可垂直滚动条；其值被设置为一个大于 0 的整数 n，则表示以 n 列显示且出现水平滚动条。

⑧ Sorted 属性：用于设定列表框是否按字母顺序排列所有列表选项。默认值为 False，表示不按字母排序。

⑨ Style 属性：设置或返回一个用来指定列表框控件的显示类型和行为的值。默认值为 0 表示标准的列表框；其值为 1 表示为复选框样式的列表框，即在每一个列表选项的文本前边都有一个复选框，且在列表框中可以选择多项，该属性在运行时只读。

(2) 列表框的常用事件

列表框控件最为常用的事件是 Click、DblClick 事件。

(3) 列表框的常用方法

要编辑列表框的列表选项内容，可在属性窗口中直接设置 List 属性，也可以利用列表框提供的方法在程序代码中添加或删除列表选项。

① AddItem 方法：用来为列表框添加一个列表选项，即在 List 属性中增加一个数组元素。

格式为：＜列表框控件名＞.AddItem item[,index]

其中 item 参数指定欲添加的列表选项的显示文本；index 参数指定要添加的列表选项在列表框中的编号，即在第几个选项位置添加该列表选项，若省略该参数，则自动在最后一个选项后面添加一个列表选项。例如：

List1.AddItem"王明",2   '在第 2 个列表选项处插入一个显示为"王明"的列表选项

② RemoveItem 方法：用于删除一个列表选项，例如

格式为：＜列表框控件名＞.RemoveItem index

其中 index 参数指定要删除的列表选项在列表框中的编号。

③ Clear 方法：删除列表控件中的所有列表选项。例如：List1.Clear。

第5章 窗体及常用控件

例5-7 设计一个程序用来增加、删除、修改课程名称。要求用列表框保存和显示所有的课程名称。

设计步骤如下：

(1) 界面设计

对象的属性设置如表5-5所列。

表5-5 例5-7中对象的属性设置

控件名称	属性名称	属性值
Form1	Caption	列表框应用举例
Command1	Caption	>>
Command2	Caption	<<
Combo1	Style	1-Simple combo
Combo1	Text	空
Combo1	List	上海 北京 济南
List1	List	空

(2) 算法分析

在文本框输入数据后，单击"增加"按钮时，将数据添加到列表框中，文本框清空并获得焦点；若需要修改列表框中的数据，需先选中列表框中项目，其内容会显示在文本框中，在文本框中修改后，单击"修改"按钮，将列表框中数据更新；选中列表框中需要删除的项目，单击"删除"按钮即可删除相关的内容。

(3) 事件过程

```
Private Sub Command1_Click()
    List1.AddItem Text1.Text
    Text1.Text = ""
    Text1.SetFocus
End Sub

Private Sub Command2_Click()
    List1.List(List1.ListIndex) = Text1.Text
    Text1.Text = ""
    Text1.SetFocus
End Sub
```

```
Private Sub Command3_Click()
    If List1.ListIndex >= 0 And List1.ListIndex <= List1.ListCount - 1 Then
        List1.RemoveItem List1.ListIndex
    End If
End Sub

Private Sub List1_Click()
    Text1.Text = List1.Text
End Sub
```

(4) 程序运行结果

程序运行结果如图 5.10 所示。

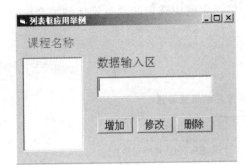 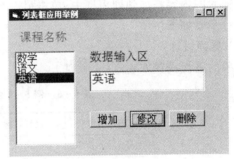

图 5.10　例 5-7 运行结果

5. 组合框

所谓组合框就是组合列表框与文本框而成的控件,它兼有文本框和列表框两者的功能。但是组合框不能被设定为多重选择模式,用户一次只能选取一项。列表框和组合框控件以列表方式为用户提供一个直观的浏览界面,以便用户从中选择指定项目,而不必用键盘输入,这样可避免用户输入错误,简化操作过程。

在 VB 的工具箱里,用 ▤ 可以在窗体上创建一个组合框控件,默认名称为 Combo1、Combo2…。

(1) 组合框的常用属性

组合框的常用属性中除了 ListIndex、Text 和 Style 属性外,其余的属性均与列表框控件相同。

① ListIndex 属性:表示用户最后一次单击的列表选项在组合框中的编号,即在 List 数组中的下标。但是如果用户直接在文本框中输入数据,不管这个数据是否现存 List 数组中,则当前的 ListIndex 属性值都为 −1。

② Text 属性:设置或返回组合框中的文本框内当前显示文本。

第5章 窗体及常用控件

③ Style 属性：这是组合框的一个重要属性，用来决定组合框的类型。组合框有三种类型，分别为"0－下拉式组合框"、"1－简单组合框"和"2－下拉式列表框"。注意下拉式列表框不允许用户直接输入文本。

(2) 组合框的常用事件与方法

组合框最常用的事件为 Click 和 Change 事件。

当单击组合框的下拉列表框中的列表选项时触发 Click 事件；当直接在组合框的文本框内输入数据时触发 Change 事件，Change 事件只对下拉组合框和简单组合框有效。

组合框的常用方法与列表框相同，包括 AddItem、RemoveItem 和 Clear 方法。

例 5-8 窗体中有一个组合框、一个列表框，组合框中列有多个项目（通过静态属性设定），设计两个按钮，单击其中的一个将实现组合框中选定的项目添加到列表框中，也可将将文本框新输入的内容添加到列表框中；单击另一个将列表框中选定的项目添加到组合框中。

设计步骤如下：

(1) 界面设计

对象的属性设置如表 5-6 所列。

表 5-6　例 5-8 中控件的属性设置

控件名称	属性名称	属性值
Form1	Caption	列表框、组合框应用举例
Command1	Caption	>>
Command2	Caption	<<
Combo1	Style	1－Simple combo
Combo1	Text	空
Combo1	List	上海 北京 济南
List1	List	空

(2) 算法分析

当单击命令按钮 Command1 时，应先判断组合框中 text 是否有数据，若无则给出提示信息，退出本次操作；若有，将其添加到列表框中。对单击命令按钮 Command2 的操作与 Command1 相类似。

(3) 事件过程

```
Private Sub Command1_Click()
    If Combo1.Text = "" Then
```

```
            MsgBox ("请在左面列表框中选择一个项目!")
        Else
            List2.AddItem Combo1.Text
            If Not Combo1.ListIndex = -1 Then
                Combo1.RemoveItem Combo1.ListIndex
            End If
        End If
End Sub
Private Sub Command2_Click()
    If List2.ListIndex = -1 Then
        MsgBox ("请在右面列表框中选择一个项目!")
    Else
        Combo1.AddItem List2.Text
        List2.RemoveItem List2.ListIndex
    End If
End Sub
```

(4) 程序运行结果

程序运行结果如图 5.11 所示。

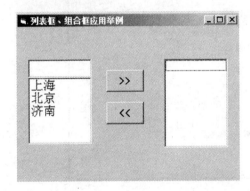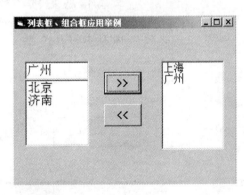

图 5.11　例 5-8 运行结果

5.3　案例实训

实例 5-1　"文本信息复制"。

1. 设计要求

程序运行后，在图 5.12 所示的文本框中输入一段文字后，单击"文本复制"按钮，则文本框右边会显示图 5.13 同样的文字，但复制文字的颜色、字体、大小都发生变化，同时按钮的标

第5章 窗体及常用控件

题文字也发生变化,如图中所示;单击"退出"按钮结束整个程序。

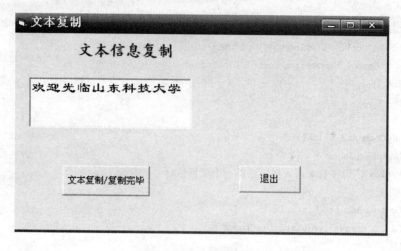

图 5.12 复制前界面

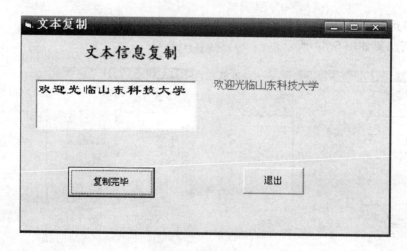

图 5.13 复制后界面

2. 编写代码

```
Private Sub command1_click()
    Label2.Caption = Text1.Text            '将文本框 Text1 中的内容赋给标签 Label1 的标题
    Command1.Caption = "复制完毕"          '给 Command1 按钮标题赋相应的文字
End Sub
Private Sub command2_click()
    End                                    '退出程序执行
End Sub
```

实例 5-2 制作花卉展示屏幕。

1. 界面设置

界面的设置如图 5.14 所示。

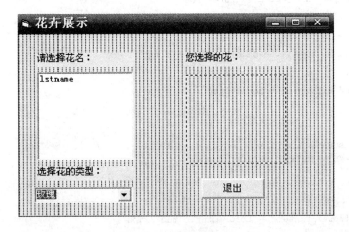

图 5.14 界面设置图

2. 编写代码

```
Private Sub cmbtype_Click()
If cmbtype.Text = "玫瑰" Then
   lstname.Clear
   lstname.AddItem "玫瑰 1"
   lstname.AddItem "玫瑰 2"
   lstname.AddItem "玫瑰 3"
Else
   lstname.Clear
   lstname.AddItem "菊花 1"
   lstname.AddItem "菊花 2"
   lstname.AddItem "菊花 3"
   lstname.AddItem "菊花 4"

End If
End Sub
Private Sub cmdexit_Click()
End
End Sub

Private Sub lstname_Click()
```

```
If cmbtype.Text = "玫瑰" Then
    Select Case lstname.ListIndex
      Case 0
        imgflower.Picture = LoadPicture("rose_1.jpg")
      Case 1

        imgflower.Picture = LoadPicture("rose_2.jpg")
      Case 2
        imgflower.Picture = LoadPicture("rose_3.jpg")
    End Select
Else
    Select Case lstname.ListIndex
      Case 0
        imgflower.Picture = LoadPicture("mum_1.jpg")
      Case 1
            imgflower.Picture = LoadPicture("mum_2.jpg")
      Case 2
        imgflower.Picture = LoadPicture("mum_3.jpg")
      Case 3
        imgflower.Picture = LoadPicture("mum_4.jpg")
    End Select
End If
End Sub
```

3. 运行结果

运行结果如图 5.15 所示。

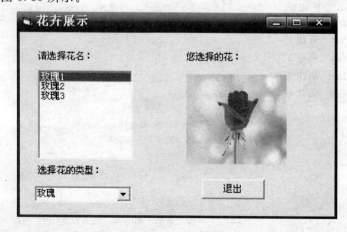

图 5.15　实例 5-2 结果显示图

实例 5-3 成绩分析小助手。

成绩分析是教师\管理者等的一项常规工作,同时也是一项烦琐的工作,本例列举的小助手将帮助用户提高工作效率,使此项工作变得轻松便捷,小助手的运行界面如图 5.16 所示。

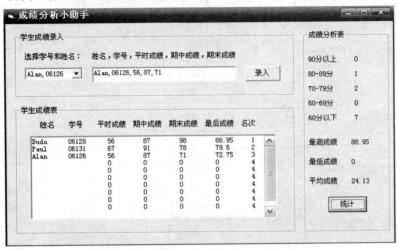

图 5.16 成绩分析小助手运行界面图

1. 设计要求

成绩分析小助手提供动态分析成绩的功能,具有计算"最后成绩"、排"名次",统计各分数段人数以及"最高成绩"、"最低成绩"、"平均成绩"的功能。

2. 界面设置

界面的设置如图 5.17 所示。

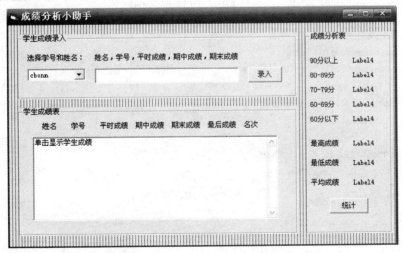

图 5.17 成绩分析小助手界面设置图

3. 编写代码

```
Option Base 1
Dim studentn(10, 2) As String, students(10, 4) As Single, i As Integer
Const M = 10, N1 = 2, N2 = 4

Private Sub cbonn_GotFocus()
txtin.Text = ""
End Sub
Private Sub cmdin_Click()
Dim s() As String
i = i + 1
If i <= M Then
s = Split(txtin.Text, ",")
studentn(i, 1) = s(0)
studentn(i, 2) = s(1)
For j = 1 To N2 - 1
students(i, j) = s(j + 1)
Next j
Else
txtin.Enabled = False
End If
End Sub

Private Sub cmdstat_Click()
Dim max As Single, min As Single, sum As Single, ave As Single
Dim ns As Integer, scount(5) As Integer
'计算最大最小及总和
   max = students(1, 4)
   min = students(1, 4)
   For i = 1 To M
     If students(i, 4) > max Then
       max = students(i, 4)
     Else
       If students(i, 4) < min Then
         min = students(i, 4)
       End If
     End If
     sum = sum + students(i, 4)
    '计算各分数段人数
     ns = Int(students(i, 4) / 10) 'Int(N)函数,取小于或等于N的最大整数
     Select Case ns
```

```
        Case 9, 10
            scount(1) = scount(1) + 1
        Case 8
            scount(2) = scount(2) + 1
        Case 7
            scount(3) = scount(3) + 1
        Case 6
            scount(4) = scount(4) + 1
        Case Is < 6
            scount(5) = scount(5) + 1
    End Select
 Next i
 ave = sum / M '平均值
 '输出统计结果
 For i = 1 To 5
    lbls(i - 1).Caption = StrMYM(scount(i))
 Next i
 lbls(5).Caption = max
 lbls(6).Caption = min
 lbls(7).Caption = ave
End Sub


Private Sub Form_Load()
cbonn.AddItem "Mary,06123"
cbonn.AddItem "John,06124"
cbonn.AddItem "Jeck,06125"
cbonn.AddItem "Alan,06126"
cbonn.AddItem "Jean,06127"
cbonn.AddItem "Dudu,06128"
cbonn.AddItem "Masu,06129"
cbonn.AddItem "Sasa,06130"
cbonn.AddItem "Paul,06131"
cbonn.AddItem "Tony,06132"
End Sub

Private Sub txtin_GotFocus()
txtin.Text = txtin.Text + cbonn.Text
End Sub
Private Sub txttable_Click()
Dim i As Integer, j As Integer
Dim tstr As String
```

```
Dim num(M) As String, Score(M) As Single, order(M) As Single
'计算"最后成绩"
For i = 1 To M
    students(i, 4) = students(i, 1) * 0.15 + students(i, 2) * 0.25 + students(i, 3) * 0.6
Next i
'求名次
'将每个学生的学号和最后成绩赋值给数组 num 和 score
For i = 1 To M
num(i) = studentn(i, 2)
Score(i) = students(i, 4)
Next i
'按数组 score 排序,学号与成绩同步交换
For i = 1 To M - 1
  max = i
  For j = i + 1 To M
    If Score(j) > Score(max) Then max = j
Next j
  t = Score(i): Score(i) = Score(max): Score(max) = t
tn = num(i): num(i) = num(max): num(max) = tn
Next i
'找出 studentn(i,2)在数组 num 中的位置,放入数组 order
For i = 1 To M
  j = 1
  While studentn(i, 2) <> num(j)
    j = j + 1
  Wend
  order(i) = j
Next

'输出数组到文本框
For i = 1 To M
  For j = 1 To N1
  tstr = tstr + studentn(i, j) + SpaceMYM(10 - Len(studentn(i, j)))
  Next j
  For j = 1 To N2
  tstr = tstr + StrMYM(students(i, j)) + SpaceMYM(10 - Len(StrMYM(students(i, j))))
  Next j
  tstr = tstr + StrMYM(order(i)) + SpaceMYM(5 - Len(StrMYM(order(i))))
  txttable.Text = tstr + ChrMYM(10)
Next i
End Sub
```

本章小结

在应用程序设计中,用户界面设计是必不可少的环节。窗体作为其他所有对象的载体,是 VB 中学习的一个对象。每一个 VB 应用程序至少包括一个窗体。

标准控件是 VB 程序设计的基本内容,是用户界面设计的基本组成元素。标签和文本框作为基本的输入输出控件,用来显示和输入数据;命令按钮是一种最基本的响应用户操作的控件;单选按钮、复选框、页框、列表框和组合框常用来做选择操作,可以提供一个直观的浏览界面,以便用户从中选择指定项目。

本章主要介绍如何利用窗体、标准控件进行 Windows 操作系统下的界面设计,通过对本章的学习,学生掌握如何设计常见图形化界面,编写相应的事件驱动过程。

习 题

5.1 如何创建一个新窗体?如何设置或修改窗体的属性?
5.2 利用对话框动态输入圆半径 r,并求圆的周长和圆的面积。
5.3 利用文本框设计一个密码验证对话框。
5.4 试编写一个简单的计算器程序。
5.5 设计如图 5.18(a)所示的应用程序,单击确定按钮给出评判结果。
5.6 设计如图 5.18(b)所示的课程选修应用程序,单击按钮可以进行选课操作,或退选操作。

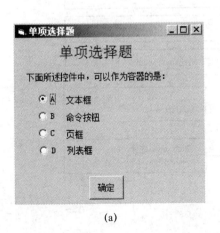
(a)

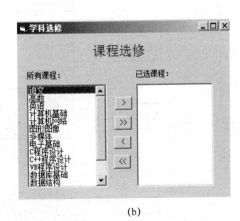
(b)

图 5.18　习　题 5.5 与 5.6 列题

第6章 VB图形绘制与图像处理

【本章教学目的与要求】
- 掌握图形操作的基础知识
- 掌握图形处理的两种方法
- 熟悉用图形方法处理彩色图像的方法
- 熟悉用定时器制作动画的过程

【本章知识结构】

图6.0为VB图形绘制和图像处理的基本框图,以便读者对Visual Basic程序设计有一个深入的了解。

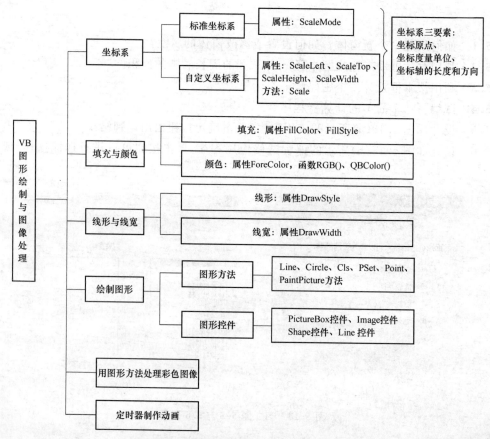

图6.0 VB图形绘制和图像处理的基本框图

第6章 VB 图形绘制与图像处理

引 言

计算机具有很强的绘图和图像处理能力,利用计算机通过程序设计可以设计出丰富的图形界面和处理效果。在 Visual Basic 中,可用于绘制图形、处理图像、显示图像的对象有:窗体(Form)、图片框(PictureBox)、图像框(Image)打印机(Printer)等。利用 VB 提供的绘图方法和绘图控件,可以在上述对象中绘制出不同的图形,对图形图像处理并可以显示不同的效果。本章对 VB 的图形图像功能做详细介绍。

6.1 图形操作基础

6.1.1 坐标系统

VB 的图形设计及图像处理与所在的绘图对象的坐标系统存在密切的联系。图形中的每个点在屏幕上的位置,需要通过坐标表示出来,若采用的坐标系统不同,同一个绘图区域的坐标刻度范围也就不同,同一位置的坐标刻度也就不同。因此,有必要对坐标系统进行规范,VB提供了标准坐标系和自定义坐标系两种。坐标系包括三个要素:坐标原点、坐标度量单位、坐标轴的长度和方向。

1. 标准坐标系

VB 中的坐标系统是一个二维网格,可定义在屏幕上、窗体中或其他容器中。标准坐标系的特点是:以容器的左上角(0,0)作为坐标原点,X 轴向右,Y 轴向下为正方向,起始点的坐标刻度为(0,0)。例如:在窗体中的坐标,定义网格上的位置:(x, y)。该坐标系的图示如图6.1 所示。

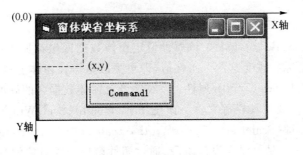

图 6.1 窗体默认坐标系

ScaleMode 属性可以设置坐标系的度量单位。坐标轴上,默认的刻度单位是缇(Twip)(1 cm=567 缇)。ScaleMode 属性的取值及含义如表 6-1 所列。

第 6 章 VB 图形绘制与图像处理

表 6-1 ScaleMode 属性的取值及含义

常 数	设置值	描 述
VbUser	0	指出 ScaleHeight、ScaleWidth、ScaleLeft 和 ScaleTop 属性中的一个或多个被设置为自定义的值
VbTwips	1	(默认值)缇(每逻辑英寸为 1440 缇;每逻辑厘米为 567 个缇)
VbPoints	2	磅(每逻辑英寸为 72 个磅)
VbPixels	3	像素(监视器或打印机分辨率的最小单位)
VbCharacters	4	字符(水平每个单位=120 缇;垂直每个单位=240 缇)
VbInches	5	英 寸
VbMillimeters	6	毫 米
VbCentimeters	7	厘 米
VbHimetric	8	HiMetric
VbContainerPosition	9	控件容器使用的单位,决定控件位置
VbContainerSize	10	控件容器使用的单位,决定控件的大小

ScaleMode 属性可以在设计阶段设置,也可以通过程序代码设置,例如:

Form1. ScaleMode = 3
Picture1. ScaleMode = 7

2. 自定义坐标系

VB 允许用户自定义坐标系,此时绘图对象 ScaleMode 的属性需设置为 0。自定义坐标系可以通过设置对象的 ScaleLeft 、ScaleTop 、ScaleHeight、ScaleWidth 属性实现,也可以用 Scale 方法实现。

(1) 通过设置对象的四个属性值来定义坐标系

ScaleLeft 属性与 ScaleTop 属性:该属性设定窗体数据区坐标原点(0,0)的位置,即距离窗体左上角的 X、Y 坐标。改变这两个属性值,即可更改数据在窗体上输出的原点位置。

ScaleHeight 属性与 ScaleWidth 属性:该属性设置窗体数据区的高度与宽度,不包括窗体的边框、标题栏、菜单栏及工具栏等在内。改变 ScaleHeight、ScaleWidth 的属性值,就定义了对象右下角的坐标值,即(ScaleLeft+ ScaleWidth,ScaleTop+ScaleHeight)。

设置方法有两种:一是可以在设计阶段,通过属性窗口设置对象的 ScaleLeft 、ScaleTop 、ScaleHeight、ScaleWidth 属性值;二是可以在程序代码中设置对象的 ScaleLeft 、ScaleTop、ScaleHeight、ScaleWidth 属性值,如:

[<对象名>.]ScaleLeft = x_0

[<对象名>.]ScaleTop = y0
[<对象名>.]ScaleHeight = <高度>
[<对象名>.]ScaleWidth = <宽度>

根据左上角和右下角的坐标值自动设置坐标轴的正向 X 轴和 Y 轴的度量单位,分别为 1/ScaleWidth 和 1/ScaleHeight。

例　如:

Form1.ScaleLeft = 100;Form1.ScaleTop = 100
Form1.ScaleHeight = 500;Form1.ScaleWidth = 500

上例中,自定义的坐标原点是(100,100),宽度和高度都是 500,X 轴和 Y 轴的度量单位都是 1/500,自定义的坐标系如图 6.2 所示。

说明:ScaleLeft 、ScaleTop 、ScaleHeight、ScaleWidth 的属性值可以是正数,也可以是负数。

(2) 使用 Scale 方法定义坐标系:[<对象名>.]Scale[(x0,y0)−(x1,y1)]。

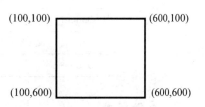

图 6.2　自定义的坐标系

这里,(x0,y0)表示左上角的坐标值,(x1,y1)表示右下角的坐标值。

用户在上例中自定义的坐标系,用 Scale 方法定义为:Form1.Scale((100,100)−(600,600))。

由此可以得出 Scale 方法中的 4 个参数和 ScaleLeft 、ScaleTop 、ScaleHeight、ScaleWidth 的属性值的对应关系如下:

ScaleLeft = x0
ScaleTop = y0
ScaleHeight = y1 − y0
ScaleWidth = x1 − x0

说明:Scale 方法中的<对象名>如果省略,默认的对象是当前窗体。如果(x0,y0)−(x1,y1)省略,参数的默认值就等于前面讲的标准坐标系的参数值。

3. CurrentX 和 CurrentY 属性

为了确定坐标值在坐标系中的准确位置,需要了解 CurrentX 和 CurrentY 属性,这两个属性在设计阶段是不可用的,所以在对象的属性窗口是看不到的。CurrentX 和 CurrentY 属性的功能是返回或设置下一次打印或绘图的坐标值。

当坐标系确定后,坐标值(x,y)表示对象上的绝对坐标位置,如果坐标前加上关键字 Step,则坐标值(x,y)表示对象上的相对坐标位置,即从当前坐标分别沿水平和垂直方向平移 x 和 y 个单位,其绝对坐标值为(CurrentX+x,CurrentY+y)。

第6章　VB 图形绘制与图像处理

例 6-1　编程实现在窗体上以指定字符画一个圆。

设计步骤如下：

1. 界面设计

例 6-1 的界面设计如表 6-2 所列。

表 6-2　例 6-1 对象属性设置

对象名称	属性名称	属性值
Form1	Caption	画圆
Frame1	Caption	组成圆的字符
Option1	Caption	*
Option2	Caption	@
Option3	Caption	#

2. 事件过程

```
Private Sub Form_Load()
   Form1.ForeColor = vbRed
End Sub
Private Sub Option1_Click()
   Dim a As Single, r As Single, s As Single
   Form1.Cls
   r = 1500
   For a = 0 To 2 * 3.14159 Step 0.1
      CurrentX = r + 2500 + r * Cos(a)
      CurrentY = r + 500 + r * Sin(a)
      Print " * "
   Next a
End Sub

Private Sub Option2_Click()
   Dim a As Single, r As Single, s As Single
   Form1.Cls
   r = 1500
   For a = 0 To 2 * 3.14159 Step 0.1
      CurrentX = r + 2500 + r * Cos(a)
      CurrentY = r + 500 + r * Sin(a)
      Print "@"
```

```
    Next a
End Sub

Private Sub Option3_Click()
    Dim a As Single, r As Single, s As Single
    Form1.Cls
r = 1500
    For a = 0 To 2 * 3.14159 Step 0.1
        CurrentX = r + 2500 + r * Cos(a)
        CurrentY = r + 500 + r * Sin(a)
        Print "#"
    Next a
End Sub
```

3. 程序运行结果

例 6-1 的程序运行结果如图 6.3 所示。

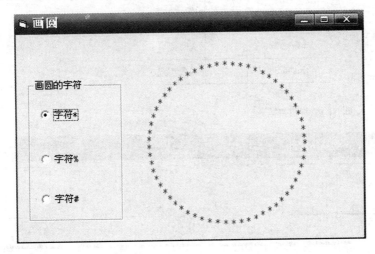

图 6.3 例 6-1 运行结果

6.1.2 线型与线宽

在绘制图形时涉及线型和线宽,也就是 DrawStyle、DrawWidth 这两个属性。

1. 线　　型

线型通过 DrawStyle 属性,设置图形线型的样式。

语法:[对象名.]DrawStyle [= number]。

参数说明如表 6-3 所列。

表 6-3 DrawStyle 属性的参数说明

参　数	描　述
对象名	可选的。如果省略，默认为当前窗体
Number	整数，指定线型，"设置值"中有详细描述

number 的设置值如表 6-4 所列。

表 6-4 number 的设置值

常　数	设置值	描　述
VbSolid	0	（默认值）实线
VbDash	1	虚　线
VbDot	2	点　线
VbDashDot	3	点画线
VbDashDotDot	4	双点画线
VbInvisible	5	无　线
VbInsideSolid	6	内收实线

属性设置意义如图 6.4 所示。

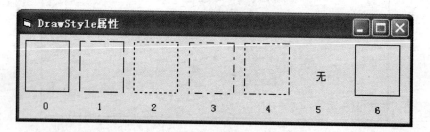

图 6.4 线型的样式

说明：图 6.4 是当 DrawWidth 属性设置为 1 时的效果。

2. 线　宽

线宽通过 DrawWidth 属性设置绘制的图形的线宽。

语法：[对象名.]DrawWidth [= size]。

参数说明如表 6-5 所列。

表 6-5　DrawWidth 属性的参数说明

参　数	描　述
对象名	可选的。如果省略,默认为当前窗体
Size	可选的,取值的范围从 1～32 767。该值以像素为单位表示线宽。默认值为 1,即一个像素宽

说明:增大该属性值会增加线的宽度。如果 DrawWidth 属性值大于 1,DrawStyle 属性值设置为 1～6,这时会画出实线来(DrawStyle 属性值不会改变),如图 6.5 所示。将 DrawWidth 设置为 1,允许 DrawStyle 产生 DrawStyle 属性表中列出的结果。

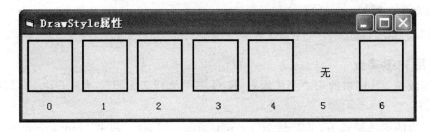

图 6.5　DrawWidth 属性值为 1～6 时画出的实线

注:图 6.5 是当 DrawWidth 属性设置为 2 时的效果。

6.1.3　填充与颜色

1. 填　充

封闭图形的填充方式由 FillColor、FillStyle 这两个属性决定。

FillColor 属性指定填充图案的颜色,默认的颜色与 ForeColor 相同。

FillStyle 属性指定填充的图案,共有 8 种内部图案,属性设置意义如图 6.6 所示。其中,0 是实填充,与指定填充图案的颜色有关,1 为透明方式。

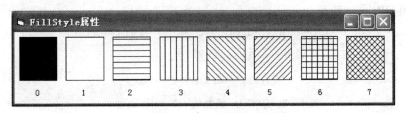

图 6.6　8 种内部填充图案

2. 颜　色

在默认的情况下,图形的颜色采用的是前景色,即 ForeColor 属性值,其属性值的设置有三种方式:直接使用颜色值或 VB 颜色常量;使用 RGB 函数;使用 QBColor 函数。

(1) 直接使用颜色值或 VB 颜色常量。

VB 允许直接使用三种原色值来设置颜色,格式为:&HBBGGRR。其中,&H 表示十六进制,BB 代表蓝色值(00～FF),GG 代表绿色值(00～FF),RR 代表红色值(00～FF)。将代表三种原色的值组合,即可表示一种相应的 VB 颜色。例如:&HFFFFFF 白色,&H0000FF 红色,&HFF0000 蓝色,&H000000 黑色。

为了便于记忆,VB 内部预先定义了一组颜色常量来表示颜色。例如,红色为 VbRed,黑色为 VbBlack,利用"对象浏览器"可查看所有 VB 定义的颜色常量。在程序代码中,可直接使用这些颜色常量。例如:

Form1.ForeColor = vbBlue　　'设置窗体 Form1 的绘制的图形颜色为蓝色

(2) 使用 RGB 函数

RGB 函数是 VB 提供的一个颜色函数,R、G、B 分别代表 Red(红色)、Green(绿色)和 Blue(蓝色)的缩写。

RGB 函数的语法格式为:color=RGB(red,green,blue)。其中:red、green、blue 分别表示三种原色的混合值,其取值均为一个 0～255 之间的整数。常见的 RGB 函数表示的标准颜色如表 6-6 所列。

表 6-6　常见的 RGB 函数表示的标准颜色

颜　色	RGB 函数	RGB 函数值	颜　色	RGB 函数	RGB 函数值
黑色	&H0	RGB(0,0,0)	蓝色	&HFF0000	RGB(255,0,255)
红色	&HFF	RGB(255,0,0)	洋红	&HFF00FF	RGB(0,255,255)
绿色	&HFF00	RGB(0,255,0)	青色	&HFFFF00	RGB(0,255,255)
黄色	&HFFFF	RGB(0,0,255)	白色	&HFFFFFF	RGB(255,255,255)

(3) 使用 QBColor 函数

语法格式为:color=QBColor(colorvalue)。其中:参数 colorvalue 为一个 0～15 之间的整数,代表 16 种基本颜色,如表 6-7 所列。例如:

Form1.ForeColor = QBColor(8)　　'设置窗体 Form1 绘制图形的颜色为灰色

表 6-7　QBColor 函数的 colorvalue 函数说明

颜　色	数　值	颜　色	数　值	颜　色	数　值	颜　色	数　值
黑色	0	红色	4	灰色	8	淡红色	12

续表 6-7

颜 色	数 值	颜 色	数 值	颜 色	数 值	颜 色	数 值
蓝色	1	紫红色	5	淡蓝色	9	淡紫红色	13
绿色	2	黄色	6	淡绿色	10	淡黄色	14
青蓝色	3	白色	7	淡青蓝色	11	亮白色	15

6.2 用图形方法绘制图形

图形方法是 Visual Basic 处理图形的方法之一,这些方法适用于窗体和图片框,主要方法如表 6-8 所列。

表 6-8 绘制图形的图形方法

方 法	描 述
Line	画线、矩形或填充框
Circle	画圆、椭圆或圆弧
Cls	清除所有图形和 Print 输出
PSet	设置各个像素的颜色
Point	返回指定点的颜色值

6.2.1 Line 方法

功能:在指定的位置画一个指定颜色的直线或矩形。
语法:[对象名.]Line [Step][(x1,y1)]-[Step][(x2, y2)][, [color], [B[F]]]。
参数说明如表 6-9 所列。

表 6-9 Line 方法的参数说明

参 数	描 述
对象名	可选的。如果省略,默认为当前窗体
Step	可选的。指定直线或矩形的起点的坐标是相对坐标,相对于由 CurrentX 和 CurrentY 属性提供的当前图形位置
(x1, y1)	可选的。指定直线或矩形起点坐标。如果省略,直线或矩形起始于由 CurrentX 和 CurrentY 指示的位置
Step	可选的。指定直线或矩形的终点的坐标是相对坐标

续表 6-9

参　　数	描　　述
(x2, y2)	必需的。指定直线或矩形的终点坐标
Color	可选的。画线时用的 RGB 颜色。如果它被省略，则使用 ForeColor 属性值
B	可选的。如果包括，则利用对角坐标画出矩形
F	可选的。如果使用了 B 选项，则 F 选项规定矩形以矩形边框的颜色填充。不能不用 B 而用 F。如果不用 F 只用 B，则矩形用当前的 FillColor 填充

例 6-2 在窗体上绘制粗细不同、样式不同的水平直线。

```
Private Sub Form_Click()
    Dim i As Integer
    For i = 1 To 10
    Me.DrawWidth = I                              '设置画笔的宽度
    Line (100, 100 + i * 200)-(2000, 100 + i * 200)
    Next i
    Me.DrawWidth = 1
    For i = 0 To 6
    Me.DrawStyle = i                              '设置画笔的样式
    Line (2500, 350 + i * 200)-(5000, 350 + i * 200)
    Next i
End Sub
```

例 6-2 的运行结果如图 6.7 所示。

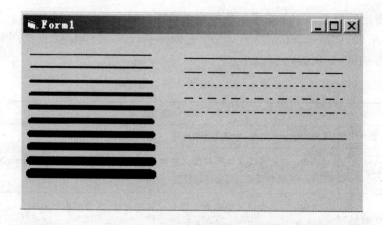

图 6.7　例 6-2 的运行结果

例6-3 用十种不同颜色画十个同心矩形。

```
Private Sub Form_Click()
    For i = 1 To 10
      CurrentX = 2000
      CurrentY = 2000
      Line Step(i * 200, i * 200) - (2500 - i * 200, 2500 - i * 200), QBColor(i + 1), B
    Next i
End Sub
```

例6-3的运行结果如图6.8所示。

图6.8　例6-3的执行结果

注意：Line方法中的可选参数[，[color]，[B[F]]]，可以省略，但如果只省略[color]，其前后的逗号不能够省略。

6.2.2　Circle方法

功能：在指定的位置画一个指定颜色的圆、椭圆或圆弧。

语法：[对象名.]Circle [Step](x,y),radius,[color,start,end,aspect]。

Circle方法的参数说明如表6-10所列。

表 6-10 Circle 方法的参数说明

参　数	描　　述
对象名	可选的。如果省略，默认的对象是当前窗体
Step	可选的。指定圆、椭圆或弧的中心坐标是相对坐标，相对于当前对象的 CurrentX 和 CurrentY 属性提供的坐标
(x, y)	必需的。指定圆、椭圆或弧的中心坐标。对象的 ScaleMode 属性决定了使用的度量单位
radius	必需的。指定圆、椭圆或弧的半径。对象的 ScaleMode 属性决定了使用的度量单位
color	可选的。绘制图形的轮廓的 RGB 颜色。如果它被省略，则使用 ForeColor 属性值
start, end	可选的。当画圆弧或扇形时，start 和 end 指定（以弧度为单位）弧的起点和终点位置。其范围从 -2π 到 2π，起点的默认值是 0，终点的默认值是 2π。在这两个参数前加负号，画出的是扇形
aspect	可选的。圆的纵横尺寸比。默认值为 1.0，产生一个标准圆（非椭圆）

例 6-4 利用 Circle 方法在窗体中央画出如图 6.9 所示的图形。

```
Sub Form_Click()
  Const pi = 3.1415926
  Circle (2000, 1250), 1000, vbBlue, -pi, -pi * 1 / 2
  Circle Step(-500, -500), 500
  Circle Step(0, 0), 500, , , , 5 / 25
End Sub
```

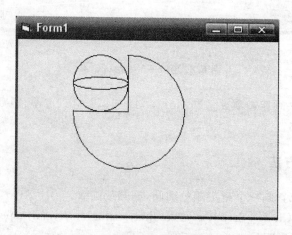

图 6.9　例 6-4 的执行结果

6.2.3 Cls 方法

功能：清除运行时绘图区域的所有图形。

语法：[对象名.]Cls

参数说明：对象名，可选，如果省略，默认对象指的是当前窗体。

注意：Cls 将清除图形和打印语句在运行时所产生的文本和图形，而设计时在 Form 中使用 Picture 属性设置的背景位图和放置的控件不受 Cls 影响。如果激活 Cls 之前 AutoRedraw 属性设置为 False，调用时该属性设置为 True，则图形和文本也不受影响。这就是说，通过对正在处理的对象的 AutoRedraw 属性进行操作，可以保留用户所绘制的图形和文本。

例如：Form1.cls   picture1.cls

6.2.4 PSet 方法

功能：在指定的位置画一个指定颜色的点。

语法：[对象名.]PSet [Step] (x, y), [color]

PSet 方法的参数说明如表 6-11 所列。

表 6-11 PSet 方法的参数说明

参 数	描 述
对象名	可选的。如果省略，默认指当前的窗体
Step	可选的。指定相对于由 CurrentX 和 CurrentY 属性提供的当前图形位置的坐标
(x, y)	必需的。指定点的水平(x 轴)和垂直(y 轴)坐标
Color	可选的。指定点的颜色。如果省略，则使用当前的 ForeColor 属性值

注意：所画点的尺寸取决于 DrawWidth 属性值。当 DrawWidth 为 1，PSet 将一个像素的点设置为指定颜色。当 DrawWidth 大于 1，则点的中心位于指定坐标。

例 6-5 在窗体自定义坐标系中，绘制正弦曲线。

```
Private Sub Form_click()
    Const Pi = 3.1415926
    Dim x As Single
    Me.DrawWidth = 3                          '设置画笔的粗细，Me 表示当前窗体
    Me.Scale (-2 * Pi, 2)-(2 * Pi, -2)        '自定义窗体绘图区域的坐标系统
    For x = -2 * Pi To 2 * Pi Step 0.01       '在窗体绘图区域绘制由多种颜色组成的正弦
```

曲线
```
    PSet (x, Sin(x)), QBColor(Int(Rnd() * 16))
  Next x
End Sub
```

图 6.10 所示为例 6-5 的运行结果。

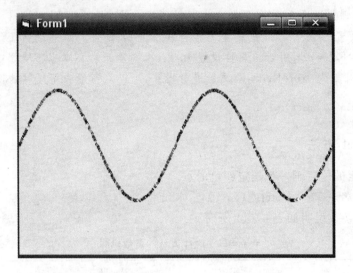

图 6.10　例 6-5 的运行结果

例 6-6　用 PSet 方法在窗体上画颜色随机变化的点。
目的：掌握 PSet 方法的使用。

```
Private Sub Form_click()
Dim i As Integer
For i = 1 To 1000
X = Rnd * Form1.Width
Y = Rnd * Form1.Height
Form1.DrawWidth = Rnd * 4 + 1
Colorcode = Int(16 * Rnd)
PSet (X, Y), QBColor(Colorcode)
Next i
End Sub
```

例 6-6 运行结果如图 6.11 所示。

6.2.5　Point 方法 V

功能：按照长整数，返回在对象上所指定点的 RGB 颜色值。

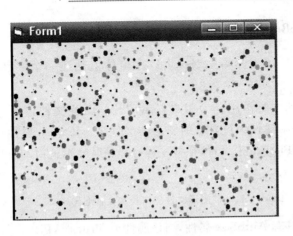

图 6.11　例 6-6 运行图

语法：［对象名.］Point(x, y)

参数说明如表 6-12 所列。

表 6-12　Point 方法的参数说明

参数	描述
对象名	可选的。如果省略，默认指当前的窗体
(x, y)	必需的。均为单精度值，返回对象 ScaleMode 属性中该点的水平(x-轴)和垂直(y-轴)坐标

注意：如果由 x 和 y 坐标所确定的点位于对象之外，Point 方法将返回-1。
例如指定窗体的背景颜色，用 Point 方法返回一个点的颜色值。

```
Private Sub Form_Click()
    BackColor = &HFF00&                '将背景设置为绿色
    Print Point(100, 100)              '输出一个点的颜色值
End Sub
```

执行结果是：65280，用十六进制表示是 FF00H。

6.3　用图形控件绘制图形

　　Visual Basic 中与图形操作有关的控件有：PictureBox 控件、Image 控件、Shape 控件和 Line 控件。Image、Shape 和 Line 控件比 PictureBox 控件所需要的系统资源较少，因此显示图形速度比较快。

6.3.1 PictureBox 控件

在 VB 的工具箱里,用工具箱中 ▣ 可以在窗体上创建一个 Picture 控件,默认名称为 Picture1。

PictureBox 控件的主要作用是为用户显示图片。图片文件包括:位图、图标、JPEG 或 GIF 文件等。其 Picture 属性为被显示的图片的文件名。Picture 属性可以在设计窗口设置,也可以利用函数 LoadPicture 来设置,在程序运行程序时显示。由 LoadPicture 函数处理加载和显示图片的语法如下:

```
Picture1.Picture = LoadPicture("图形文件的路径和文件名")
```

PictureBox 控件具有 AutoSize 属性,当该属性值 True 时,PictureBox 能自动调整大小与显示的图片匹配。当 AutoSize 属性值为 False 时,加载的图片如果超出图形框,超出部分自动被裁掉。

Picturebox 控件也可以用作其他控件的容器。像 Frame 控件一样,可以在 PictureBox 控件上面加上其他控件。

可以用 Print 方法向 PictureBox 控件输出文本,也可以在 PictureBox 控件上面画图形等。

例 6-7 在图片框上,画一个圆,并在圆内显示"图片框举例!"。

```
Private Sub Picture1_Click()
    Dim x As Single, y As Single, r As Single
    x = Picture1.Width / 2
    y = Picture1.Height / 2                '确定圆心的位置
    r = Picture1.Width / 3
    Picture1.Circle (x, y), r, vbRed
    Picture1.Print "图片框举例"              '以圆心为当前位置输出字符
End Sub
```

运行结果如图 6.12 所示。

6.3.2 Image 控件

在 VB 的工具箱里,用 ▣ 可以在窗体上创建一个 Image 控件,默认名称为 Image1。

Image 控件与 PictureBox 控件相似,但它只用于显示图片。

它不能作为其他控件的容器,也不支持 PictureBox 的高级方法。

用 Image 控件加载图片的方法和 PictureBox 一样。

与 PictureBox 不同之处:Image 控件具有调整大小的行为。PictureBox 控件具有 AutoSize 属性,使得图片框自动适应图片的大小,Image 控件通过属性 Stretch 属性,进行图片

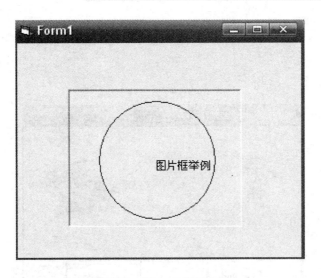

图 6.12 例 6-7 运行结果

调整。

当 Stretch 属性设为 False(默认值)时,Image 控件可根据图片调整大小;

当 Stretch 属性设为 True 时,可根据 Image 控件的大小来调整图片的大小。

Image 控件可显示位图、图标、图元文件、增强型图元文件、JPEG 或 GIF 文件。

Image 控件响应 Click 事件,可以用 Image 控件代替命令按钮或作为工具条的项目,还可用来制作简单动画。

对于 Image 控件来说,其使用的系统资源比 PictureBox 控件少而且重新绘图速度快,但它仅支持 PictureBox 控件的一部分属性、事件和方法。两种控件都支持相同的图片格式。但在 Image 控件中可以伸展图片的大小使之适合控件的大小,而在 PictureBox 控件中不能这样做。

例 6-8 建立两个相同的 Image 控件,比较当图像框的 Stretch 属性值为 False 和 True 时,加载同一图形文件的效果。

```
Private Sub Command1_Click()
    Image1.Width = 2000
    Image1.Height = 1000
    Image1.Stretch = False
    Image1.Picture = LoadPicture("E:\教学\VB\教材\格式图片\Ico\1.ico")
End Sub
Private Sub Command2_Click()
    Image2.Width = 2000
    Image2.Height = 1000
```

```
        Image2.Stretch = True
        Image2.Picture = LoadPicture("E:\教学\VB\教材\格式图片\Ico\1.ico ")
End Sub
```

程序运行结果如图 6.13 所示。

图 6.13 例 6-8 运行结果

6.3.3 Shape 控件和 Line 控件

Shape 控件可以用来绘制矩形、正方形、椭圆、圆、圆角矩形、圆角正方形,并确定需要哪一种图形。Shape 属性的默认值是 0,即矩形。不同取值所对应的图形如图 6.14 所示。

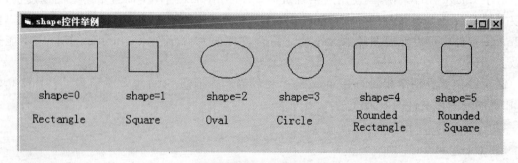

图 6.14 shape 控件举例

Line 控件可以用来绘制直线。通过设置 BorderStyle 设置直线的样式。BorderStyle 属性的默认值是 0,为 Transparent,即透明状。不同取值所对应的图形如图 6.15 所示。

使用 Shape 控件和 Line 控件绘制图形比用图形方法方便简单。

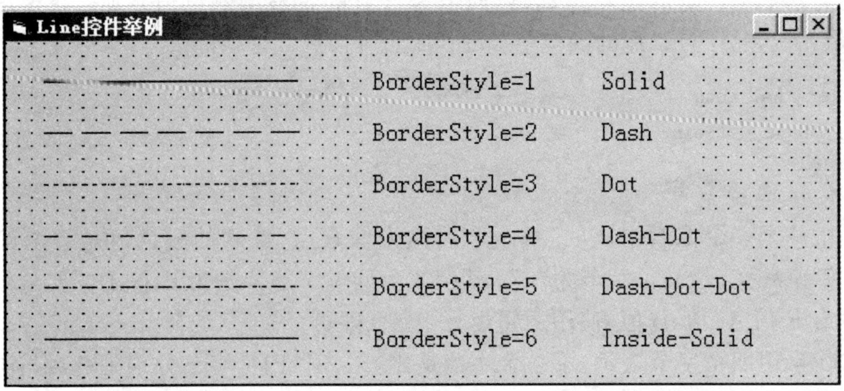

```
┌─ Line控件举例 ────────────────── _ □ ×┐
│                                         │
│  ─────────────   BorderStyle=1   Solid          │
│                                         │
│  - - - - - - -   BorderStyle=2   Dash           │
│                                         │
│  . . . . . . .   BorderStyle=3   Dot            │
│                                         │
│  -.-.-.-.-.-.   BorderStyle=4   Dash-Dot        │
│                                         │
│  -..-..-..-..   BorderStyle=5   Dash-Dot-Dot    │
│                                         │
│  ─────────────   BorderStyle=6   Inside-Solid   │
│                                         │
└─────────────────────────────────────────┘
```

图 6.15 Line 控件举例

6.4 用图形方法处理彩色图像

6.4.1 彩色图像处理基本技巧

通常所说的图形是人类能用肉眼看到的可见图像的一部分。用户看到的图像包括光图像和图片，光图像指客观存在的可见光学图像（optical image）；图片（picture）指人类用各种不同的方法人工生成的图像，主要包括照片（photograph）、图形（drawings）（用点、线、面画成的）、绘画（paintings）（常见的图像类型，如油画等）。不论是用相机拍摄的照片、图形方法生成的图形，还是一般用户可看到的图像，当用户认为其视觉效果不好或不利于用户对其性质进一步分析时，需要对其进行处理，这个过程称为图像处理过程。首先熟悉图像的颜色性质。

1. 图像颜色的 RGB 值及获取

在 6.1.3 节中用户讲述了表示图像颜色的三种方法，每一种方法代表着很多颜色空间。有很多颜色空间可以精确地表达任意一种颜色，但由于颜色感知固有的主观性和非线性型，它们大多不能直接运用于图像处理，必须经过必要的非线性型变换和拟视觉化处理。这里人们用比较常见的 RGB 空间，即用 RGB(Red，Green，Blue) 函数精确定义一种颜色。图像的每个像素的颜色是由 3 种基本颜色（红、绿、蓝）Red，Green，Blue 组成，其取值范围均在 0~255 之间，分别对应于红、绿、蓝三元色的饱和度。最小值 0 表示没有颜色，最大值 255 表示最高饱和度。各种颜色就是通过不同饱和度的三元色组合而得到，因此三基色可合成（255 * 255 * 255）1 677 万种颜色，而每种颜色都有其对应的 RGB 值。

在 VB 中用 RGB(red，green，blue) 函数来获得具体的颜色值。

用 Point() 方法可获得某图像上指定点(i，j)的颜色，格式为 object.Point(i，j)。该函数的参数是屏幕上某一点的逻辑坐标,返回值是该点的长整型颜色值。如：获得图片框 Picture1 中图像在位置(i，j)一点的颜色值 color 时,语句为：

```
Dim color As Long
color = Picture1.Point(i , j)
```

2. 图像颜色的分解

图像是由一个一个像素组成的,每一个点称为像素点,像素的颜色值是一个长整型的数值,用 4 个字节表示,最高位字节为"0",其余 3 个低位字节依次为 B、G、R。要从图像像素的颜色中分解出 R 值、G 值、B 值,使用逻辑运算 AND 即可。

图像的像素用四个字节表示,第一个字节是零,二、三、四个字节分别是蓝、绿、红。当像素与红色相与时就得到了红色分量,与绿色相与得到绿色分量,与蓝色相与得到蓝色分量。基本代码如下：

```
color = Picture1.Point(i,j)
R = color And vbRed
G = (color And vbGreen) / 256
B = (color And vbBlue) / 65536
```

也可表示如下：

```
r = (a And &HFF)
g = (a And &HFF00) / 256
b = (a And &HFF0000) / 65536
```

其实两者是等同的。其中 vbRed 、vbGreen、vbBlue 分别代表 VB 环境中预先定义的红色、绿色、蓝色三个常数。

3. 图像像素颜色的设定

利用 Pset 方法,使用 RGB(red,green,blue)函数设定指定的像素颜色。用法如下：
Object.PSet(i,j)，RGB(r,g,b)

例 6-9 将图片框 1(Picture1)中图像的诸像素复制到图片框 2(Picture2)中。

(1) 界面设置

界面设置如图 6.16 所示。

(2) 代码实现

```
Private Sub Command1_Click()
Picture2.Cls
For i = 0 To Picture1.Width - 1
    For j = 0 To Picture1.Height - 1
        c = Picture1.Point(i, j)
        r = (c And &HFF)
```

```
        g = (c And &HFF00)\256
        b = (c And &HFF0000)\65536
        Picture2.PSet (i,j),RGB(r,g,b)
    Next j
Next i
End Sub
```

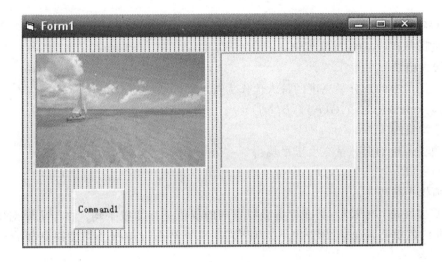

图 6.16　界面设置图

(3) 运行结果

例 6-9 程序运行结果如图 6.17 所示。

图 6.17　例 6-9 结果图

6.4.2 图像处理特效制作

1. 彩色图像的灰度化

(1) 分量法

将彩色图像中的三个分量的亮度作为三个灰度图像的灰度值,可根据应用需要选取一种灰度图像。

如 $f_1(i,j)=R(i,j); f_2(i,j)=G(i,j); f_3(i,j)=B(i,j)$,其中 $f_k(i,j)(k=1,2,3)$ 为转换后的灰度图像在 (i,j) 处的灰度值。

(2) 最大值法

将彩色图像中的三分量亮度的最大值作为灰度图的灰度值。

$$f(i,j)=\max(R(i,j),G(i,j),B(i,j))$$

(3) 平均值法

将彩色图像中的三分量亮度求平均得到一个灰度图。

$$f(i,j)=(R(i,j)+G(i,j)+B(i,j))/3$$

(4) 加权平均法

根据重要性及其他指标,将三个分量以不同的权值进行加权平均。由于人眼对绿色的敏感最高,对蓝色敏感最低,因此,按下式对 RGB 三分量进行加权平均能得到较合理的灰度图像。

$$f(i,j)=0.31R(i,j)+0.59G(i,j)+0.1B(i,j))$$

下面给出一个实例。

例 6-10 将彩色图像转换为灰度图像。

在该实例中,采用平均值法,其算法为:

NewRed = NewGreen = NewBlue = (OldRed + OldGreen + OldBlue) / 3

其中 NewRed、NewGreen、NewBlue 分别是新像素的红、绿、蓝的分量值,而 oldRed、oldGreen、oldBlue 分别是原始像素的红、绿、蓝的分量值。

实例程序如下:

```
Private Sub Command1_Click()
Picture2.Cls
    Picture1.Picture = LoadPicture("E:\教学\VB\教材\格式图片\Ico\1.ico ")
For i = 0 To Picture1.ScaleWidth - 1
    For j = 0 To Picture1.ScaleHeight - 1
        c = Picture1.Point(i, j)
        r = c And &HFF
        g = (c And &HFF00) / 256
        b = (c And &HFF0000) / 65536
```

```
        y = 0.31 * r + 0.59 * g + 0.11 * b
        Picture2.PSet (i, j), RGB(y, y, y)
    Next j
Next i
End Sub
```

注意：此时的 Picture1 和 Picture2 的 ScaleMode 应设置为：3—pixel。大家思考一下为什么这么做？由于图片框的默认 ScaleMode 属性为 1—twip，感兴趣的读者可以尝试一下，如果 Picture1 的 ScaleMode 应设置为：3—pixel，而 Picture2 的 ScaleMode 属性为 1—twip 时的效果。

例 6-10 程序运行结果如图 6.18 所示。

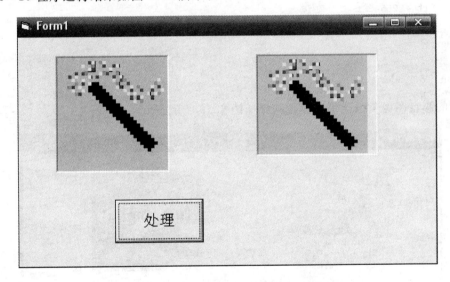

图 6.18　例 6-10 彩色图像灰度化示例效果图

2. 彩色图像的逆反处理

彩色图像的逆反处理是指原始图像较暗的部分经逆反化后变得较亮，而较亮的部分经逆反化后变得较暗。对彩色图像进行逆返处理的方法是取源图像某一点 $f(i,j)$ 的 RGB 值，然后利用公式

rr＝255－r,gg＝255－g,bb＝255－b 生成处理后的图像。

例 6-11　彩色图像的逆反处理。

其算法为：

```
NewRed = 255 - oldRed;
NewGreen = 255 - oldGreen;
NewBlue = 255 - oldBlue。
```

用 VB 实现这一操作的程序如下：
```
Private Sub Command1_Click()
Picture3.Cls
For i = 0 To Picture1.ScaleWidth - 1
    For j = 0 To Picture1.ScaleHeight - 1
        c = Picture1.Point(i, j)
        r = (c And &HFF)
        g = (c And &HFF00) / 256
        b = (c And &HFF0000) / 65536
        rr = 255 - r
        gg = 255 - g
        bb = 255 - b
        Picture3.PSet (i, j), RGB(rr, gg, bb)
    Next j
Next i
End Sub
```

生成的彩色图像负像化程序运行结果如图 6.19 所示。

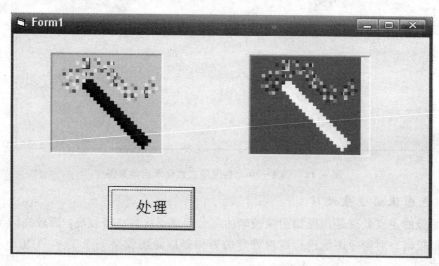

图 6.19　例 6-11 效果图

3. 彩色图像的曝光处理

照片的曝光原理：胶片上被极亮度光线照射的区域，在显影时其上几乎所有的卤化银晶体都将转化成黑色的金属银，这些区域在底片上是黑色的；胶片上被中等亮度光线照射的区域，在显影时，其上绝大多数（并非全部）卤化银晶体将会转化成黑色的金属银，这些区域在底片上是暗灰色的；胶片上被很弱光线照射的区域，在显影时，其上只有少量卤化银晶体转化成黑色的金属银,这些区域在底片上是浅灰色的;胶片上没有被光线照射的区域,在显影时,其上没有卤化银晶体转化成黑色的金属银,因而这些区域在底片上是透明的。

基于以上技术的考虑,将数字图像中经过处理后的像素值进行逆转,可以得到曝光处理的效果。本次算法是逆转小于 128 的基本颜色,例如像素值为(55,185,132)则只逆转红色,得到(200,185,132),而数值为(33,68,111)则全部逆转。处理后像素值分量＝255－源像素值分量(源像素值分量小于 128)。

例 6-12 曝光处理。

其程序为：

```
For i = 1 To Picture1.ScaleWidth - 1
  For j = 1 To Picture1.ScaleHeight - 1
    c = Picture1.Point(i, j)
    r1 = (c And &HFF&)
    g1 = (c And &HFF00&) / 256
    b1 = (c And &HFF0000) / 65536
    If r1 < 128 Then r1 = 255 - r1
    If g1 < 128 Then g1 = 255 - g1
    If b1 < 128 Then b1 = 255 - b1
    Picture2.PSet (i, j), RGB(r1, g1, b1)
  Next j
Next i
```

图像处理结果如图 6.20 所示。

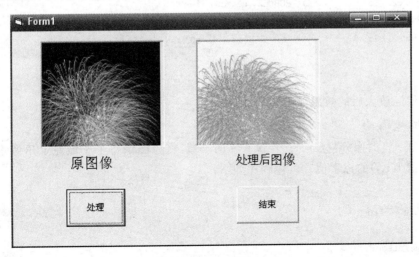

图 6.20 例 6-12 曝光效果图

4. 图像的放大

放大的原理：将原图像的每一个像素点 $f(i,j)$，对应扩展为放大图像的一个 $N*N$ 的子域，每个子域所有像素的值均取原图像像素 $f(i,j)$ 的像素值。具体程序为：

```
Picture2.Cls
Dim size As Integer, c(600, 600), r(600, 600), g(600, 600), b(600, 600) As Double
size = 2  '放大倍数
For i = 0 To Picture1.ScaleWidth - 1
  For j = 0 To Picture1.ScaleHeight - 1
    s1 = i * size
    s2 = j * size
    c(s1, s2) = Picture1.Point(i, j)
  Next j
Next i
For i = 0 To Picture1.ScaleWidth * size - 1 Step size
  For j = 0 To Picture1.ScaleHeight * size - 1 Step size
    r(i, j) = (c(i, j) And &HFF&)
    g(i, j) = (c(i, j) And &HFF00&) / 256
    b(i, j) = (c(i, j) And &HFF0000) / 65536
    c2 = r(i, j)
    c1 = g(i, j)
    c0 = b(i, j)
    Picture2.PSet (i, j), RGB(c2, c1, c0)
    Picture2.PSet (i + 1, j), RGB(c2, c1, c0)
    Picture2.PSet (i, j + 1), RGB(c2, c1, c0)
    Picture2.PSet (i + 1, j + 1), RGB(c2, c1, c0)
  Next j
Next i
```

彩色图像经放大后的效果如图 6.21 所示。

5. 图像的缩小

缩小原理：将图像分割成一个个 $N*N$ 的子域，将原图像每个子域左上角像素的值作为缩小图像像素 $f(i,j)$ 的像素值。具体程序如下：

```
P2.Cls
P2.Visible = True
Dim s1 As Integer
Dim s2 As Integer
Dim size As Integer, r, g, b, c(1000, 1000) As Double
size = Int(InputBox("输入缩小倍数"))
```

```
P2.Width = P1.Width/size
P2.Height = P1.Height/size
For i = 1 To P1.ScaleWidth - 1 Step size
  For j = 1 To P1.ScaleHeight - 1 Step size
    s1 = Int(i/size)
    s2 = Int(j/size)
    c(s1, s2) = P1.Point(i, j)
  Next j
Next i
For i = 0 To P1.ScaleWidth/size
  For j = 0 To P1.ScaleHeight/size
    r = (c(i, j) And &HFF&)
    g = (c(i, j) And &HFF00&)/256
    b = (c(i, j) And &HFF0000)/65536
    P2.PSet (i, j), RGB(r, g, b)
  Next j
  P2.Refresh
Next i
```

图 6.21　彩色图像的放大效果

彩色图像经缩小后的效果如图 6.22 所示。

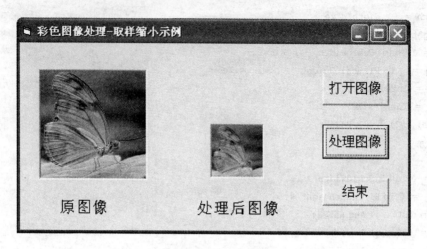

图 6.22　彩色图像的保持放大效果

6.5　动画设计

6.5.1　定时器

前面几节所产生的图形均为静态的,不变化的。在实际应用中,往往需要输出动态图形。此时,必须借助计时器控件。在此将对计时器做如下介绍。

在 VB 的工具箱里,用 ⌚ 可以在窗体上创建一个 Timer 控件,默认名称为 Timer1。Timer 控件能以一定的时间间隔激发计时器事件,从而重复执行相应的程序代码。

Timer 控件的两个关键属性如表 6-13 所列。

表 6-13　Timer 控件的两个关键属性

属　性	设　置　值
Enabled	若希望窗体一经加载后定时器就开始工作,应将此属性设置为 True。否则,保持此属性为 False。可选择由外部事件(例如单击命令按钮)启动定时器操作
Interval	定时器事件发生的时间间隔,以毫秒为单位。取值范围是 0～64 767 之间(包括这两个数值)

6.5.2　动画实现

1. 用图形的移动来显示动态画面

设计思想:将欲显示的画面载入 PictureBox 控件或 Image 控件中,利用 Move 方法移动

PictureBox 控件或 Image 控件,从而达到 PictureBox 控件或 Image 控件中的图形动态显示。图形移动的时间间隔由 Timer 控件的 Interval 属性控制。

例 6 - 13 设计一个红色小球在白色的窗体上跳动,当小球碰到屏幕边缘后弹回继续跳动的动画效果。

程序设计步骤如下:

(1) 界面设计

界面各对象的属性设置如表 6 - 14 所列。

表 6 - 14 例 6 - 13 中控件的属性设置

对象名称	属性名称	属性值
Form1	Caption	动画设计举例
Shape	Fillstyle	Solid
Command1	Caption	开始
Command2	Caption	结束
Timer1	Interval	500
	Enabled	False

(2) 事件过程代码

```
Dim xd As Integer, yd As Integer
Private Sub Form_Load()
    Form1.BackColor = QBColor(15)              '窗体背景色为亮白色
    Shape1.Left = 0:Shape1.Top = 0
    Shape1.Width = 600:Shape1.Height = 600
    Shape1.FillColor = vbRed                   '球为红色
    Shape1.FillStyle = 0
    xd = -400:yd = -400
End Sub
Private Sub Timer1_Timer()
    If Shape1.Left = 0 Or Shape1.Left >= Form1.Width - 500 Then xd = -xd
    If Shape1.Top = 0 Or Shape1.Top >= Form1.Height - 800 Then yd = -yd

    Shape1.Move Shape1.Left + xd, Shape1.Top + yd
End Sub
Private Sub Command1_Click()
    Timer1.Enabled = True
End Sub
Private Sub Command2_Click()
    End
```

End Sub

(3) 程序运行结果

程序运行结果如图 6.23 所示。

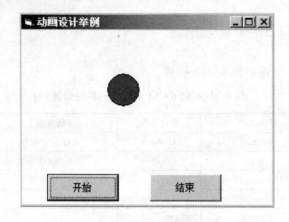

图 6.23 例 6-13 运行结果

2. 用不同的图形交替显示来显示动态画面

设计思想：将要显示的若干个不同的的图形放在若干个 PictureBox 控件或 Image 控件中，然后按一定的时间间隔交替显示这些 PictureBox 控件或 Image 控件，从而实现图形动态显示。

例 6-14 设计一个日全食发生的全过程。

程序设计步骤如下：

(1) 界面设计

各对象的属性设置如表 6-15 所列。

表 6-15 例 6-14 中控件的属性设置

对象名称	属性名称	属性值
Form1	Caption	动画设计举例
Image1－－－Image8	Picture	C:\WINDOWS\MOON1.ICO ～ C:\WINDOWS\MOON8.ICO
	Visibled	False
Image9	Picture	None
Command1	Caption	开始
Timer1	Interval	1000
	Enabled	False

(2) 事件过程代码

```
Dim flag As Integer
Private Sub Form_Load()
    flag = 0
End Sub

Private Sub Timer1_Timer()
    Select Case flag
    Case 0
        Image9.Picture = Image1.Picture: flag = 1
    Case 1
        Image9.Picture = Image2.Picture: flag = 2
    Case 2
        Image9.Picture = Image3.Picture: flag = 3
    Case 3
        Image9.Picture = Image4.Picture: flag = 4
    Case 4
        Image9.Picture = Image5.Picture: flag = 5
    Case 5
        Image9.Picture = Image6.Picture: flag = 6
    Case 6
        Image9.Picture = Image7.Picture: flag = 7
    Case 7
        Image9.Picture = Image8.Picture: flag = 0
    End Select
End Sub
Private Sub Command1_Click()
    If Command1.Caption = "开始" Then
        Timer1.Enabled = True
        Command1.Caption = "结束"
    Else
        End
    End If
End Sub
```

(3) 运行结果

例 6-14 运行结果如图 6.24 所示。

例 6-15 设计两动物位置交替变换的过程。

第 6 章 VB 图形绘制与图像处理

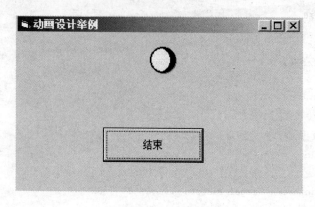

图 6.24 例 6-14 运行结果

(1) 代　码

```
Private Sub tmrexchange_Timer()
    Imgexchange.Picture = Imgrabbit.Picture
    Imgrabbit.Picture = Imgsheep.Picture
    Imgsheep.Picture = Imgexchange.Picture
End Sub
Private Sub Cmdstop_Click()
    Tmrexchange.Enabled = False
End Sub
Private Sub Cmdstart_Click()
    Tmrexchange.Enabled = True
End Sub
```

(2) 运行结果

运行结果如图 6.25 所示。

图 6.25 例 6-15 运行结果图

6.6 案例实训

实例 6-1 绘制圆环艺术图案。

1. 代码过程

```
Private Sub Form_click()
Cls
r = Form1.ScaleHeight / 4
x0 = Form1.ScaleWidth / 2
y0 = Form1.ScaleHeight / 2
s = 3.1415926 / 20
For i = 0 To 6.283185 Step s
x = r * Cos(i) + x0
y = r * Sin(i) + y0
Circle (x, y), r * 0.9, RGB(234, 17, 134)
Next i
End Sub
```

2. 效果图

绘制后的圆环艺术图如图 6.26 所示。

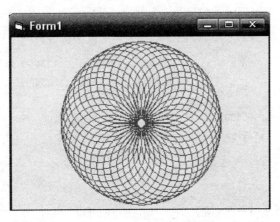

图 6.26　实例 6-1 运行结果图

实例 6-2 交通灯显示。

交通灯显示的程序如下：

Option Explicit

第 6 章　VB 图形绘制与图像处理

```vb
Dim n As Integer, m As Integer          '声明窗体级变量 n,m
Private Sub Form_Load()
    Form1.Caption = "模拟红绿灯"
    ShapeRed.Shape = 3                  '形状为圆
    ShapeYel.Shape = 3
    ShapeGre.Shape = 3
    ShapeRed.FillStyle = 0              '实心填充
    ShapeYel.FillStyle = 0
    ShapeGre.FillStyle = 0
    ShapeRed.BorderWidth = 3            '边框宽度
    ShapeYel.BorderWidth = 3
    ShapeGre.BorderWidth = 3
    ShapeRed.FillColor = vbRed          '先设红灯亮
    ShapeYel.FillColor = &H808080       '灯灭时为深灰色
    ShapeGre.FillColor = &H808080       '灯灭时为深灰色
    Timer1.Interval = 1000              '使用 1 个定时器,间隔 1 s
    Label1.Caption = 0
    Label1.FontBold = True
    Label1.FontSize = 20
    n = 0: m = 8                        '变量 n 是总秒数,变量 m 是倒计时秒数
    Label1.Caption = Str(m)
End Sub
Private Sub Timer1_Timer()
  n = n + 1
  m = m - 1
If n = 8 Then                           '红灯 8 s 到时,变灯
m = 2
ShapeRed.FillColor = &H808080
ShapeYel.FillColor = vbYellow
ElseIf n = 10 Then                      '黄灯 2 s 到时,变灯
m = 10
ShapeGre.FillColor = vbGreen
ShapeYel.FillColor = &H808080
ElseIf n = 20 Then                      '绿灯 10 s 到时,变灯
m = 2
ShapeGre.FillColor = &H808080
ShapeYel.FillColor = vbYellow
ElseIf n = 22 Then                      '黄灯 2 s 到时,变灯
n = 0: m = 8                            '初始化
```

```
ShapeYel.FillColor = &H808080
ShapeRed.FillColor = vbRed
End If
Label1.Caption = Str(m)
End Sub
```

交通灯显示的效果图如图 6.27 所示。

图 6.27 实例 6-2 运行结果图

实例 6-3 实现电子眼睛的转动。

设计要求：程序运行时，眼珠能够随着鼠标的移动而移动，包括绘制基本脸形：脸形可以使用空心椭圆，嘴巴使用弧线；眼眶使用空心椭圆，眼珠使用实心椭圆。在获取鼠标的位置之后，眼珠随之转动。

其程序如下：

```
Option Explicit
Dim xFacePos, yFacePos, faceRadius As Single       '脸中心的坐标以及半径
Dim mouseRadius As Single                          '嘴弧线的半径
Dim xGlassLeft, yGlassLeft, glassRadius As Single  '左眼睛中心坐标以及半径
Dim xGlassRight, yGlassRight As Single             '右眼睛中心坐标
Dim xEyeLeft, yEyeLeft, eyeRadius As Single        '左眼坐标与半径
Dim xEyeRight, yEyeRight As Single                 '右眼坐标
'Dim radius As Single

Private Sub face()
    FillStyle = 1                                  '属性值为1,绘制空心图形
    DrawWidth = 5                                  '画笔宽度
    Circle (xFacePos, yFacePos), faceRadius, , , 1.2   '绘制脸形空心椭圆
                                                   '绘制嘴巴弧线
    DrawWidth = 3
    Circle (xFacePos, yFacePos), mouseRadius, , 230 * 3.14159 / 180, 310 * 3.14159 / 180
                                                   '绘制眼镜空心椭圆
    Circle (xGlassLeft, yGlassLeft), glassRadius, , , , 1.2
    Circle (xGlassRight, yGlassRight), glassRadius, , , , 1.2
End Sub
```

第6章 VB图形绘制与图像处理

```
Private Sub Form_Activate()
    face                                                    '调用子过程绘制脸形
    FillStyle = 0                                           '属性值为0,绘制实心图形
    xEyeLeft = ScaleWidth * 15 / 32
    yEyeLeft = ScaleHeight * 3 / 8                          '设置左眼中心位置
    eyeRadius = (yEyeLeft * 0.4 + 1) * Rnd                  '眼睛半径
    Circle (xEyeLeft, yEyeLeft), eyeRadius, , , 1.2         '绘制左眼椭圆
    xEyeRight = ScaleWidth * 19 / 32
    yEyeRight = ScaleHeight * 3 / 8
    Circle (xEyeRight, yEyeRight), eyeRadius, , , 1.2       '绘制右眼椭圆
End Sub
Private Sub Form_Load()
    xFacePos = ScaleWidth / 2                               '脸部横坐标是窗体宽度的一半
    yFacePos = ScaleHeight / 2                              '脸部纵坐标是窗体宽度的一半
    faceRadius = (yFacePos * 0.9 + 1) * Rnd                 '脸部椭圆半径
    mouseRadius = (yFacePos * 0.6 + 1) * Rnd                '嘴弧线半径
    xGlassLeft = ScaleWidth * 7 / 16
    yGlassLeft = ScaleHeight * 3 / 8
    glassRadius = (yGlassLeft * 0.4 + 1) * Rnd
    xGlassRight = ScaleWidth * 9 / 16
    yGlassRight = ScaleHeight * 3 / 8                       '眼睛半径以及左右眼睛中心的坐标
End Sub
Private Sub Form_MouseMove(Button As Integer, Shift As Integer, X As Single, Y As Single)
    FillStyle = 0
    Circle (xEyeLeft, yEyeLeft), eyeRadius, BackColor, , , 1.2  '用背景色将眼睛清除
    Circle (xEyeRight, yEyeRight), eyeRadius, BackColor, , , 1.2
    FillStyle = 1
    Circle (xGlassLeft, yGlassLeft), glassRadius, , , 1.2
    Circle (xGlassRight, yGlassRight), glassRadius, , , 1.2   '重新绘制眼睛,因为清除眼睛的时候可
能会把眼镜的边框局部清除掉,根据鼠标的位置,使用公式计算眼睛中心的位置并重新绘制眼睛
    FillStyle = 0
    xEyeLeft = xGlassLeft + eyeRadius * (X - xGlassLeft) / Sqr((Y - yGlassLeft) ^ 2 + (X - xGlassLeft) ^ 2)
    yEyeLeft = yGlassLeft + eyeRadius * (Y - yGlassLeft) / Sqr((Y - yGlassLeft) ^ 2 + (X - xGlassLeft) ^ 2)
    Circle (xEyeLeft, yEyeLeft), eyeRadius, , , , 1.2
    xEyeRight = xGlassRight + eyeRadius * (X - xGlassRight) / Sqr((Y - yGlassRight) ^ 2 + (X - xGlassRight) ^ 2)
    yEyeRight = yGlassRight + eyeRadius * (Y - yGlassRight) / Sqr((Y - yGlassRight) ^ 2 + (X -
```

xGlassRight)^2)
         Circle (xEyeRight, yEyeRight), eyeRadius, , , , 1.2
      End Sub

运行结果如图 6.28 所示。

图 6.28 实例 6-3 运行结果图

本章小结

本章介绍了 VB 绘制图形的基础知识、绘制图形的方法、图形控件的使用及用图形方法进行图像处理的技巧。通过学习，读者可以通过编写程序代码来绘制和处理不同的图形。本章还介绍了计时器。利用计时器每隔一定的时间间隔产生一次时钟中断事件的特点，可以实现动态图形的操作。

习　题

6.1　如何建立用户坐标系？
6.2　PictureBox 控件和 Image 控件的区别是什么？
6.3　图形控件和图形方法有何区别？
6.4　在程序运行时，怎样在图形框中装入或删除图形？
6.5　利用图形方法绘制一个五角星。
6.6　画一组同心圆。
6.7　设计一个简单的"日出/日落"动画。

第 7 章　数据库应用基础

【本章教学目的与要求】

- 掌握数据库和数据库管理系统的概念
- 熟悉数据库应用程序结构等概念
- 掌握利用可视化数据管理器并建立 ACESS 数据库
- 掌握数据控件的常用属性和相关控件数据的绑定
- 熟悉 ADO 数据控件对数据库的访问及利用

【本章知识结构】

图 7.0 为 VB 数据库应用基础的基本框图，以便读者对 Visual Basic 程序设计有一个深入的了解。

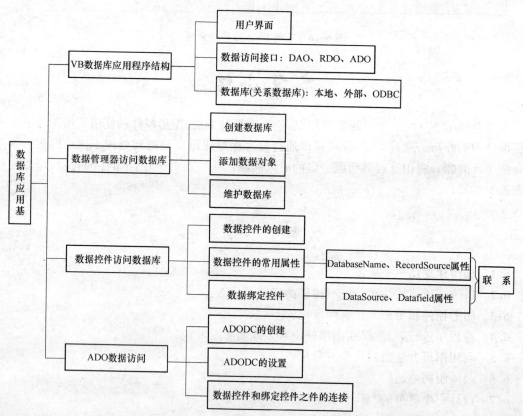

图 7.0　VB 数据库应用基础的基本框图

第 7 章 数据库应用基础

引 言

目前,大多数商业性计算机应用程序对数据的处理都是使用数据库。使用 Visual Basic,程序员可以创建出功能强大的数据库应用程序。当然,在此之前,最基础的部分就是如何组织数据,即对数据库的设计是开发数据库应用程序的基础和前提。一个糟糕的数据库设计可能会使得意图明确的程序设计毁于一旦。相反,一个良好的数据库设计能使程序员的程序设计工作变得简单。本章将介绍关系型数据库以及 Visual Basic 数据库应用程序的开发步骤。

7.1 Visual Basic 数据库应用程序结构

7.1.1 数据库概述

1. 数据管理技术的发展

数据管理经历了人工管理、文件管理和数据库系统三个阶段。

(1) 人工管理阶段

20 世纪 50 年代中期以前,计算机主要用于科学计算,即无直接用于存取数据的存储设备,也无专门用于数据处理的软件。数据只能由处理它的程序携带。人工管理数据的特点是:数据不保存、不共享;应用程序中包含自己要用到的全部数据、数据不具有独立性;数据与程序是一个整体。

(2) 文件管理阶段

20 世纪 50 年代后期至 20 世纪 60 年代末期,计算机开始大量地用于数据处理工作,大量的数据存储、检索和维护工作提上日程。此时,在硬件方面可直接存取的设备如磁鼓、磁带、磁盘等逐渐变成主要外存。软件方面出现了高级语言和操作系统。操作系统中的文件管理模块(即输入/输出控制模块)的重要功能之一就是管理外存储器中的数据。文件系统管理数据的特点是:数据可以以文件形式长期保存;由于文件之间缺乏联系,造成每个应用程序都有对应的数据文件,有可能同样的数据在多个文件中重复存储,因此数据共享性差,冗余度大。

(3) 数据库系统

这一阶段(20 世纪 60 年代后期)数据管理技术进入数据库系统阶段。数据库系统克服了文件系统的缺陷,提供了对数据更高级、更有效的管理。这个阶段的程序和数据的联系通过数据库管理系统(DBMS)来实现。数据库系统具有以下特点。

① 数据结构化。数据库系统中的数据是以一定的组织方式存储在数据库中的,并且由数据库管理系统进行统一的管理。

② 有较高的数据独立性。数据库系统尽量使数据结构和应用程序相互独立,这样保证了双方的修改可以不相互影响。

③ 数据共享性高、冗余度低。数据库系统允许多个应用程序使用同一数据库中的数据,使数据得到共享。同时系统中各种用户可以根据自己的需要使用数据库中不同的数据子集,从而提高了数据的利用率,减少了数据冗余。

④ 数据库系统提供了数据控制功能。当多个用户同时使用数据库中的数据时有可能相互之间发生干扰,产生错误数据甚至破坏数据库,因此数据库管理系统提供了数据的并发控制功能、数据的安全控制功能和数据的完整性控制功能。

2. 数据库系统的组成

数据库系统(DBS)是一个采用某种程序设计语言开发、使用数据库技术管理数据,由硬件、软件、数据库及各类人员组成的计算机系统。其组成部分如下:

① 数据库(DataBase):它是以一定的组织方式存放于计算机外存储器中相互关联的数据集合,是数据库系统的核心。其数据是集成的、共享的、冗余度最小,并由数据库管理系统统一管理,数据的插入、修改和检索均要通过数据库管理系统进行。

② 数据库管理系统(DataBase Manager System):它是维护和管理数据库的软件,是数据库与用户之间的界面。它是一组能完成描述、管理、维护数据库的程序系统。它按照一种公用的和可控制的方法完成插入数据、修改和检索原有数据的操作。

③ 应用程序:由用户编写的对数据库中数据进行各种处理的程序。

④ 计算机软件:包括操作系统软件、各种宿主语言、数据库管理系统软件和应用软件等。

⑤ 计算机硬件:包括 CPU、内存、磁盘等。要求有足够大的内存来存放操作系统、数据库管理系统的核心模块;足够大的磁盘直接存取和备份数据;支持联网,实现数据共享。

⑥ 各类人员:包括数据库管理员、操作员、维护人员等,其中数据库管理员一般是由业务水平较高、资历较深的人员担任。他们主要负责创建、监控和维护整个数据库,使数据能被任何有权使用的人有效使用。

3. 数据模型

数据的组织形式称为数据模型,它决定数据之间联系的表达方式,主要包括层次型、网状型、关系型和面向对象型四种。这四种模型决定了四种类型的数据库;分别为层次数据库、网状数据库、关系型数据库和面向对象型数据库。

① 层次模型(hierarchical model):用树型结构表示实体间联系的数据模型。该模型的实际存储数据由链接指针来体现联系。其特点在于有且仅有一个节点,即无父节点,此节点即为根节点;其他节点有且仅有一个父节点;适合于表示一对多的联系。

② 网状模型(network model):是用有向图结构表示实体类型及实体间联系的数据模型。其特点在于允许节点有多于一个的父节点,可以有一个以上的节点(无父节点);适合用于表示多对多的联系。

③ 关系模型（realational model）：在关系模型中，数据被组织成若干张二维表，每张表称为一个关系。一张表格中的一列称为一个"属性"，相当于记录中的一个数据项（或称为字段），属性的取值范围称为域。表格中的一行称为一个"元组"，相当于记录值。可用一个或若干个属性集合的值标识这些元组，称为"关键字"。每一行对应的属性值称一个分量。表格的框架相当于记录型，一个表格数据相当于一个同质文件。

④ 面向对象模型：主要采用对象和类的概念，用于存储彼此没有内在联系的数据对象（而不必把它们安排到数据表中）。虽说面向对象的程序设计语言（如 Object‐Store）是近几年来的一个发展方向，但是面向对象的数据库产品在市场上只占相当小的份额。

面向对象的程序设计语言可以用来访问关系数据库，但这并不会把一个关系数据库转变为一个面向对象的数据库。面向对象的数据库系统使人们可以使用某种程序设计语言去直接访问这种程序设计语言所定义的数据对象，还使人们可以在无须进行格式转换的情况下把这类对象存放到数据库里，这有助于保持有关对象的"原汁原味"。这一点在关系数据库系统里是无法做到的，关系数据库系统里的数据只能被存放在结构化的数据表里。

7.1.2 关系型数据库（Relational DataBase）

1. 关系型数据库的性质

关系型数据库是用关系模型来描述的，如表 7-1 所列。

表 7-1 关系模型

学 号	姓 名	性 别	出生日期	是否团员	爱好或特长	简 历
99010128	孙三	男	06/05/80	是		
99190125	杨璇	女	01/06/82	是	音乐	
99221012	陈华	男	05/24/80	是	篮球	
00010001	李林	男	12/29/80	否		
00120101	程明	女	07/23/81	否		
00220201	华安	男	10/09/80	是	篮球、唱歌	

一个关系（即二维表）具有以下性质：
① 每一列的数据来自同一个域，具有相同的数据类型，为元组的一个属性。
② 二维表的记录数随数据的改变而改变，但其字段数是相对固定的。
③ 不同列的数据可以来自同一个域，但每一列均有唯一的字段名。
④ 二维表中行的顺序、列的顺序均可以任意交换。
⑤ 表中的任意两行不能完全相同（即一个关系中不能有完全相同的元组）。
⑥ 每个分量必须是不可分的数据项（即不能存在表中表）。
⑦ 二维表的主关键字是指能唯一确定记录的一列或几列的组合。

2. 关系运算

关系的基本运算包括选择、投影和连接。

① 选择。从指定的关系中选择满足给定条件的元组组成新的关系。图 7.1 表示从"成绩"关系中选择计算机大于 90 的元组组成关系 S1。

成绩

学 号	姓 名	计算机	英 语
20050232	张 红	98	91
20050104	赵小明	89	84
20050321	李 潇	91	78

S1

学 号	姓 名	计算机	英 语
20050232	张 红	98	91
20050321	李 潇	9178	

图 7.1 选择运算

② 投影。从指定关系的属性集合中选取若干个属性组成新的关系。图 7.2 表示从关系"成绩"中选择"学号"、"姓名"、"英语"组成新的关系 S2。

成绩

学 号	姓 名	计算机	英 语
20050232	张 红	98	91
20050104	赵小明	89	84
20050321	李 潇	91	78

S2

学 号	姓 名	英 语
20050232	张 红	91
20050104	赵小明	84
20050321	李 潇	78

图 7.2 投影运算

③ 连接。将两个关系中的元组按指定条件组合、生成新的关系。图 7.3 表示将"成绩 1"和"成绩 2"按相同学号合并组成新的关系 S3。

成绩 1

学 号	姓 名	计算机	英 语
20050232	张 红	98	91
20050104	赵小明	89	84
20050321	李 潇	91 78	

成绩 2

学 号	姓 名	高等数学
20050232	张 红	78
20050104	赵小明	86
20050122	王 刚	93

学 号	姓 名	计算机	英 语	高等数学
20050232	张 红	98	91	78
20050104	赵小明	89	84	86

图 7.3 连接运算

7.1.3 VB 数据库应用程序的结构

VB 的数据库应用程序的结构分为三部分：用户界面、数据访问接口和数据库，如图 7.4 所示。

1. 用户界面

用户界面是用户与应用程序交流的窗口，其主要功能是显示数据并允许用户查看或更新数据。用户界面设计的好坏直接影响到应用程序的可用性和友好性。

用户界面设计，通过数据库引擎访问数据库，利用 VB 程序代码进行驱动，包括发出的数据库服务请求，如添加或删除记录、查询等。但这些服务请求不是直接针对数据库文件的，而是向数据库引擎提出的，由数据库引擎对数据库请求操作，并向应用程序返回执行结果，从而实现透明访问。

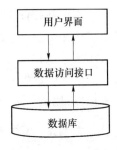

图 7.4 VB 应用程序的结构

2. 数据访问接口

在 VB 的开发环境中，可以使用三种数据库访问方式，它们分别是：数据访问对象（DAO—Data Access Object）、远程数据对象（RDO—Remote Data Objects）和 ADO 对象模型（ADO—ActiveX Data Object）。

① DAO 数据访问对象（Data Access Objects）：DAO 数据访问对象是第一个面向对象的接口，它使用 Microsoft Jet 数据库引擎，并允许 VB 开发者通过 ODBC 直接连接到其他数据库，如直接连接到 Access 表等。DAO 最适用于单系统应用程序或小范围本地分布使用。DAO 模型是全面控制数据库的完整编程接口，是通过程序访问数据库的对象模型。它利用一系列数据访问对象，如 Workspace、Database、TableDef、Recordset 等集合对象，实现创建数据库、定义表和字段、建立和维护索引，进行结构化查询等操作。

VB 已经把 DAO 模型封装成了 Data 控件，利用 Data 控件访问数据库无须编程即可实现访问数据库，但功能有限（在本章中将对 Data 控件作详细介绍）。

② RDO：RDO 远程数据对象是一个到 ODBC 的、面向对象的数据访问接口，它同易于使用的 DAO style 组合在一起，提供了一个接口，形式上展示出所有 ODBC 的底层功能和灵活性。尽管 RDO 在很好地访问 Jet 或 ISAM 数据库方面受到限制，而且它只能通过现存的 ODBC 驱动程序来访问关系数据库，RDO 提供了用来访问存储过程和复杂结果集的更多和更复杂的对象、属性及方法。

③ ADO：作为最新的数据库访问模式，ADO 是 DAO/RDO 的后继产物，它不仅具有高性能的本地数据和远程数据的访问接口，而且还具有远程的和非连接的记录集、分层的记录集以及用户级访问数据绑定的界面。它包含较少的对象、更多的属性、方法（和参数）以及事件，比 DAO 和 RDO 更简单，更加灵活，ADO 已经成为当前数据库开发的主流。同 DAO 一样，VB 将 ADO 模型封装成 ADO 控件。

第7章 数据库应用基础

VB 数据库编程就是利用以上三种接口来创建数据访问对象,并实现对数据库的操作。

3. 数据库

数据库中包含数据表的一个或多个文件。应用程序可以访问不同数据库文件或不同格式的数据库文件。在 VB 中可以访问的数据库有三类:

本地数据库:与 Microsoft Acess 的格式相同,由 Microsoft Jet 引擎直接生成和操作。

外部数据库:Btrieve、Dbase、Microsoft FoxPro 2.0 和 2.5、Paradox 版本 3.x 和 4.0 以及文本文件数据库和 Microsoft Excel 或 Lotus1-2-3 电子表格。

ODBC 数据库:符合开放数据库连接(Open DataBase Connectivity)标准的客户/服务器数据库,包括 SQL Server、Sybase、Oracle 等。

7.1.4 VB 数据库应用程序开发步骤

一个数据库应用程序的开发主要有以下几步:

- 数据库设计;
- 界面设计;
- 编写程序代码。

1. 数据库设计

数据库在数据库应用程序中占有非常重要的地位,数据库结构设计的好坏将直接影响系统的效率和实现效果。合理的数据库结构可以提高系统的存储效率,保证数据的完整性和一致性,也有利于程序的实现。

数据库设计大致分为以下阶段:

(1) 需求分析与概念设计

用户的需求具体表现在各种信息的提供、保存、更新和查询,这就要求数据库结构能够充分满足各种信息的输入和输出。模型概念是关键的信息结构,描述概念模型的有利工具是 E-R 图。在需求分析的基础上,画出系统的 E-R 图,并进行不断的交流和反馈,不断检验和完善概念模型的设计。

(2) 逻辑结构设计

逻辑结构的任务是将概念结构转化为所采用的数据库管理系统所支持的数据模型相符合的过程。

(3) 数据库的实施与维护

数据库实施过程中主要的工作是数据的组织、入库,同时对入库后的数据进行检验,保证输入的数据符合数据库的一致性和完整性要求。当数据库投入运行后,也就进入数据库的维护阶段,要常对数据进行重组和重构,以满足系统的性能指标,并便于系统扩充。

由于篇幅所限,关于数据库设计的内容,请参见相关的数据库参考书。

2. 界面设计

友好的人机界面设计是应用软件开发的一个重要组成部分。界面的设计一般要考虑用户与计算机交互性、信息的提示、数据的输入、数据的显示等方面。界面设计质量的优劣,最终要由用户来判定,一般认为一个界面友好的人机界面应该至少具备以下特征:操作简单,易学,易掌握;界面美观,操作舒适;快速反应,响应合理;用语通俗,语义一致。

3. 编写程序代码

界面设计结束后,即可开始编写程序代码。VB 采用事件驱动编程机制,下面的任务就是编写相应的事件响应代码。

在经过上述步骤的设计开发后,对设计的应用程序还需进行反复调试、修改,才能完成 VB 数据库应用程序的开发工作。

7.2 数据管理器访问数据库

Visual Basic6.0 为用户提供了一个创建和修改数据库的应用程序,即 Visual Data Manager 应用程序,该程序与 VB 绑在一起,可以通过 VB 的【外接程序】|【可视化数据管理器】来运行这个程序。可视化数据管理器可以处理 Access、dbase、Foxpro 和 ODBC 数据库以及文本文件,通常情况下,在 VB 应用程序中用它处理 Access 数据库。

7.2.1 打开数据管理器

使用数据管理器前必须先打开它,打开数据管理器的方法是:单击系统菜单【外接程序】|【可视化数据管理器】即可启动该应用程序,打开以及启动后的界面如图 7.5 所示。

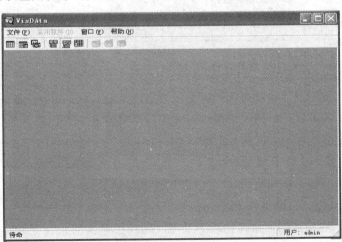

图 7.5 打开数据管理器

7.2.2 创建数据库

创建数据库其实包含两部分工作：一是创建数据库文件，这个文件用来存放诸如数据表等数据库对象；另一个就是创建数据库对象。下面分别介绍利用数据管理器创建数据库文件和数据库对象的方法。

1. 创建数据库文件

创建数据库文件的步骤如下：

① 在图 7.6 所示的数据管理器环境中，选择【文件】|【新建】，打开一个数据管理器允许创建的数据库类型列表，选择【Microsoft Access】选项，打开 Access 数据库版本的子菜单，选择 7.0 的版本，如图 7.6 所示。

② 之后弹出如图 7.7 所示的选择存储路径对话框，将数据库文件存储在 D:\datab，数据库文件命名为 wxf，单击【保存】按钮，弹出如图 7.8 所示的数据设计器设计窗口。

图 7.6　新建 Access 数据库　　　　　　图 7.7　选择数据库存储路径

数据设计器以树状形式显示数据库信息，如图 7.9 所示。这种与资源管理器相似的显示信息的方式可以使用户很快查看数据库中的表和查询等对象。甚至还可以进一步打开，查看表中的字段信息以及它们的属性。

2. 添加数据表对象

数据库被创建后，就可以添加数据对象了。下面给刚刚创建的数据库 wxf.mdb 文件添加一个数据表，步骤如下。

① 在数据库窗口的任意位置右击，在弹出的快捷菜单中选择"新建表"命令，打开如图 7.10 所示的表结构对话框。

第7章 数据库应用基础

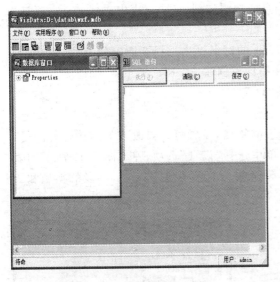

图7.8 数据设计器设计窗口

图7.9 数据设计器的树状视图

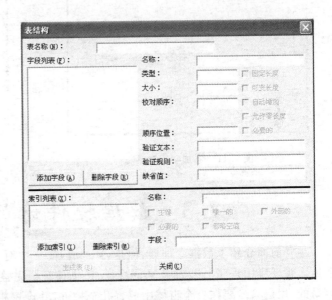

图7.10 选择新建表命令以及打开表结构对话框

② 在"表名称"文本框中为表输入一个名字 techer,单击【添加字段】按钮,弹出如图7.11所示的添加字段对话框。在名称框中输入字段名称,从类型下拉列表中选择字段类型,在大小框中输入字段长度,如果有必要输入任何可选参数,如验证规则等,单击【确定】按钮将字段添加到表中。

第7章 数据库应用基础

③ 按照步骤②的方法将表7-1中的字段信息依次添加到teacher表中。

④ 单击【关闭】按钮,回到表结构对话框。

⑤ 如果想从表中删除一个字段,可以在图7.11的对话框中选择要删除的字段,单击【删除字段】按钮即可。确定字段后,单击【生成表】按钮即可创建teacher表。

7.2.3 维护数据库

在创建了表之后,可以在数据库窗口里查看表的结构,设置可以修改表的结构。方法是:在数据库窗口中右击数据表名,在弹出的快捷菜单中选择"设计"选项,弹出图7.12所示的表结构对话框,并查看和编辑组成表的字段和索引等信息。注意,表创建完后,字段的类型和长度以及索引结构等信息不能再修改。

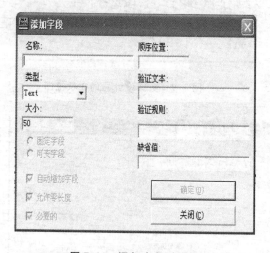

图7.11 添加字段对话框

图7.12 生成的Teacher表

7.3 数据控件访问数据库

尽管前面介绍了数据管理器,但是,Visual Basic中对数据的管理不使用管理器,而是使用数据库管理应用程序。因为用Visual Basic创建一个完整的数据库管理应用程序其实是非常容易的,用户只需要在一个窗体中放置几个控件,并设置相关属性即可。这些控件就是数据控件和数据绑定控件,使用这两类控件,可以创建各种各样的数据库管理应用程序。

7.3.1 数据控件介绍

数据控件是创建数据库应用程序的核心。简单的说,数据控件是数据库中的信息和用来显示这些信息的绑定控件之间的一个链接。当设置数据控件的属性时,应告诉它要链接什么数据库和要访问数据库中的哪些数据。数据控件将程序所需要的数据提取出来,并放在一个记录集(recordset)的窗体中。记录集是数据库中的一系列记录。在默认状态下,数据控件从数据库中的一个或多个表中创建一个动态类型的记录集。用数据控件创建的记录集取决于 DatabaseName 和 RecordSource 属性的设置。

1. 在窗体中加入一个数据控件

使用控件首先必须把控件加入到窗体中。在窗体中加入数据控件的方法和其他控件一样,先从工具箱中选择数据控件工具,然后在窗体中放置控件并定义大小即可。图 7.13 就是在窗体上放置了数据控件,并设置它的 Name 和 Caption 属性,这些属性分别为 dtaMain 和 teacher。

2. 设置两个重要属性

将数据控件加入到窗体上,之后就是设置属性以建立数据控件与实际数据库之间的联系。这个联系通过设置数据控件的 DatabaseName 和 RecordSource 属性来实现。这两个属性将告诉数据控件从哪个数据库中提取什么信息,并使数据控件创建一个非独占、可读写数据的记录集。

① DatabaseName 属性:在窗体中选中数据控件,在属性窗口中找到 DataBaseName 属性,单击右边的省略号按钮,如图 7.14 所示。单击按钮后弹出图 7.15 所示的选择数据库对话框,选择 D:\datab\wxf 数据库文件,单击【打开】按钮即可。

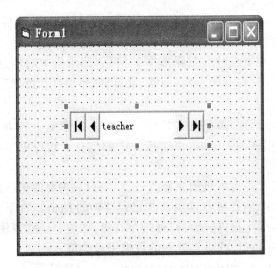

图 7.13　加入数据控件以及设置属性　　　图 7.14　设置 DatabaseName 属性

② RecordSource 属性:设置了 DatabaseName 属性之后,就可以用 RecordSource 属性指定要从数据库中提取的信息。如果想使数据控件处理数据库中的一个表,那么可以直接在

RecordSource 后输入或从列表中选择一个表,如图 7.16 所示。如果想从多个表中选择信息,可以在 RecordSource 属性中使用 SQL 查询语句,即直接输入完整的查询语句即可。

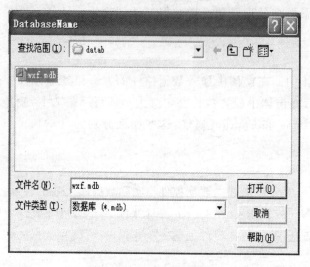

图 7.15　选择数据库文件

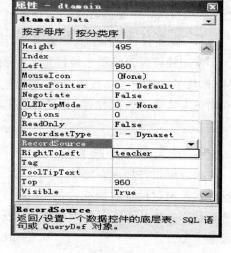

图 7.16　设置 RecordSource 属性

7.3.2　常用的数据绑定控件

通过上述方法,我们已经完成了与一个数据库的链接,并通过数据控件的属性设置制定了记录集。要使用记录集中的数据,还必须使用绑定控件。Visual Basic 中的绑定控件是为处理数据控件以创建数据库应用程序而建立的,绑定控件与数据库中的信息(记录集中的信息)绑定在一起。常用的处理数据控件的数据绑定控件有文本框、标签、复选框、图形框和图像等。

1. 将绑定控件添加到窗体中

每个绑定控件都与数据控件链接。具体地说,就是与数据控件附带的记录集中的特定字段相链接。当用户使用数据控件的导航按钮移动记录时,绑定控件中的信息也相应更新显示当前记录信息。

绑定控件在显示记录信息时,大多数的控件也可以用来修改信息,用户只需要编辑绑定控件中的内容即可。窗体被关闭时,数据库中的信息将自动更新为已经修改过的值。有了文本框、标签、复选框、图形框和图像这五种基本绑定控件,就可以处理字符串、数值、日期、逻辑值,甚至图形和备注。表 7-2 列出了五种基本绑定控件可以处理的数据字段类型。

表 7-2　基本绑定控件所处理的数据字段类型列表

控件名称	处理的数据类型	包含数据的控件属性
Label(标签)	文本、数值、日期	Caption

第 7 章 数据库应用基础

续表 7-2

控件名称	处理的数据类型	包含数据的控件属性
TextBox(文本框)	文本、数值、日期、备注	Text
CheckBox(复选框)	逻辑值	Value
PictureBox(图形框)	长二进制	Picture
Image(图像)	长二进制	Picture

在窗体中添加绑定控件,可以从工具箱中选定控件,在窗体中拖出控件,调整到合适大小即可。图 7.17 就在窗体中绑定了一个文本框控件,用来显示 teacher 数据表中教师姓名字段信息。

2. 用绑定控件显示数据

将绑定控件添加到包含数据控件的窗体中后,接下来要做的就是将绑定控件与数据控件的记录集信息绑定在一起,即将控件绑定到记录集中的某个字段上。其步骤如下:

① 建立绑定控件与数据控件之间的联系:要实现这个功能,就需要设置绑定控件的 DataSource 属性。在窗体中选定绑定控件,从属性窗口中选择 DataSource 属性,单击输入区域右侧的箭头,打开当前窗体中所有数据控件的列表,从列表中选择一个要建立联系的数据控件即可,如图 7.18 所示。

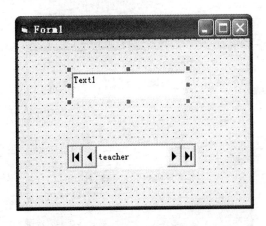

图 7.17 窗体中添加文本框绑定控件

图 7.18 设置 DataSource 属性

② 设置绑定字段:DataSource 属性设置绑定控件与数据控件之间的联系,绑定控件要显示的内容就由绑定控件的 DataField 属性来设置。该属性告诉绑定控件要从控件数据的记录集中提取什么数据。从属性窗口中选择 DataField 属性,单击输入区域右侧的箭头,弹出的列表中包含了在指定 DataSource 属性中定义的记录集中所包含的所有可用字段,从显示出来的

第7章 数据库应用基础

列表中选择一个字段,在此选择"教师姓名"字段即可。设置方法如图 7.19 所示。

完成上述操作后,运行工程文件,结果如图 7.20 所示。当程序运行时,第一个记录的教师姓名信息就显示在文本框中。使用数据控件上的相应导航按钮,可以查看记录集中其他记录的教师字段信息。由此看来,数据控件也具有数据导航功能。

7.3.3 DBGrid 控件

DBGrid 控件是 Visual Basic 中用来显示表格数据的一个控件,或者说是数据库数据显示控件之一。它可以同时显示记录集中的多条信息。DBGrid 控件在常用工具箱中找不到,使用时必须先添加到工具箱。

1. 添加 DBGrid 控件

添加该控件可以通过系统菜单【工程】|【部件】,打开添加部件对话框,在列表中选择 Microsoft Data Bound Grid Control 5.0,单击【应用】按钮来实现。

2. DBGrid 控件的使用

使用 DBGrid 控件就是通过设置 DBGrid 控件的 DataSource 属性(数据控件的名称)来实现的。下面通过一个简单的例子具体介绍其使用方法。

在图 7.20 所示的显示教师名称的窗体中,可把文本框绑定控件换成 DBGrid 控件,用来显示 teacher 表中的所有字段信息,具体步骤如下:

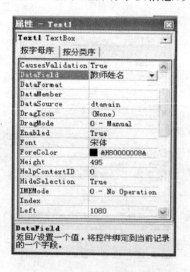

图 7.19　设置 DataField 属性

图 7.20　工程运行结果

① 在图 7.17 的窗体中删除文本框控件,从添加了 DBGrid 控件的工具箱中单击 DBGrid 工具,在窗体中拖出一个合适大小的 DBGrid 控件,如图 7.21 所示。

② 在窗体中选定 DBGrid 控件,在属性窗口中设置 DataSource 属性为 dtaMain,即该窗体

中数据控件的名称。这就是将该数据表格控件与数据控件的记录集信息绑定在一起,该表格控件将显示在数据控件中创建的记录集中的全部信息。设置好之后,保存该工程,运行结果如图 7.22 所示。图中显示的是记录集中的全部信息。

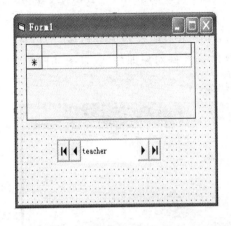

图 7.21　添加 DBGrid 控件

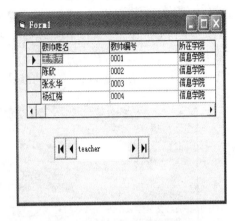

图 7.22　DBGrid 控件运行结果

对显示信息的列数,可以通过数据控件的 RecordSource 属性来控制。对上例,如果只想显示教师的姓名,可以用 SQL 语句设置数据控件的 RecordSource 属性,如使用 Select 教师名称 from teacher,这条 SQL 语句控制生成的记录集中只含一个教师姓名字段,这样在 DBGrid 控件中也就只显示这一个字段了。

DBGrid 最大的特点在于 DBGrid 允许用户修改数据。如果应用程序需要支持用户修改数据,就应该使用 DBGrid。如果只是显示数据,可以使用 MSFlexGrid、MSHFlexGrid,这两个控件显示的选项更多,更好看。而 MSFlexGrid 和 MSHFlexGrid 之间的区别,主要是后者支持 ADO 的层次显示。如果你不使用 ADO,可以考虑 MSFlexGrid,否则建议使用 MSHFlexGrid。

7.4　ADO 数据访问

ActiveX 数据对象(ActiveX Data Objects,ADO)是 Microsoft 引进的又一种数据访问方法,它替代了 Visual Basic 最初引进的数据访问方法 DAO,是一种新的使用数据控件或程序代码访问数据库的方式。

在工程中使用 ADO,必须将 ADO 参数加入到程序中。其方法是:在系统菜单【工程】|【引用】,打开引用对话框,选择 Microsoft ActiveX Data Objects 2.5 Library,单击【确定】按钮即可。

7.4.1　ADO 数据控件

ADO 数据控件与前面介绍的标准数据控件的功能相同,所不同的是它操作的是 ActiveX

第7章 数据库应用基础

数据对象。

1. 建立ADO数据控件

使用ADO数据控件之前,必须先将它添加到Visual Basic工具箱中,方法是:右击工具箱的空白区域,从弹出的快捷菜单中选择"部件"命令,弹出"部件"对话框,从中选择Microsoft ADO Data Control6.0,点击【应用】按钮即可,如图7.23所示。加入到工具箱后,即可在工具箱中选定ADO控件,在窗体上拖出适合大小的ADO数据控件对象即可,效果图如图7.24所示。Adodc1是第一个数据控件的默认名。

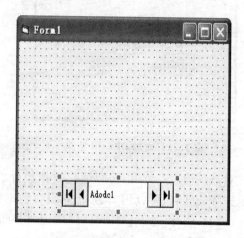

图7.23 将ADO控件加入到工具箱中　　　图7.24 在窗体上添加ADO数据控件

2. 设置ADO数据控件的属性

要链接一个数据库并检索数据,需要设置ADO数据控件的几个重要属性。这些属性是通过"属性页"对话框来设置的。打开"属性页"对话框的方法是:在窗体上右击ADO数据控件,从弹出的快捷菜单中选择"ADODC属性"命令,打开如图7.25所示的"属性页"对话框。ADO数据控件的属性页对话框包含以下5个标签:

- 通用:用来指定ADO数据控件连接数据库的方法。
- 身份验证:如果应用程序需要,可以指定链接数据库的用户名和密码。
- 记录源:定义ADO数据控件从数据源中提取哪些有用记录集。
- 颜色:改变ADO数据控件的颜色。
- 字体:设置ADO数据控件的字体大小。

在上面所述的5个标签中,一般只需要设置通用标签和记录源标签就可以将ADO数据控件与数据库链接起来,同时使用数据绑定控件显示数据。

(1) 通用标签设置

要用ADO数据控件访问数据,首先必须建立与一个数据库的连接,即设置ADO数据控件的 ConnectionString 属性。在图 7.26 所示的通用标签中提供了三种建立连接字符串的方法：

 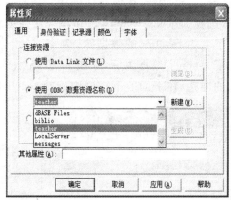

图 7.25　ADODC 属性页对话框

- 使用 Data Link 文件：从数据连接文件中装入已保存的连接信息。
- 使用 ODBC 数据资源名称：使用已经建立的 ODBC 数据源名建立连接。
- 使用连接字符串：直接指定一个连接字符串。

在这三种连接方法中，常用的是使用 ODBC 数据源名建立连接。下面介绍建立数据源的方法。

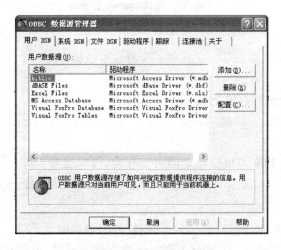 

图 7.26　ODBC 数据源管理器　　　　图 7.27　创建新数据源对话框

在 Windows 的"控制面板"中单击"管理工具"图标，在单击"数据源（ODBC）"图标，打开如图 7.26 所示的"ODBC 数据源管理器"对话框。单击【添加】按钮，弹出图 7.27 所示的"创建新数据源"对话框,从中选择需要的选项,比如我们前面的实例中使用的是一个 Access 数据库,在此,可以选择 Microsoft Access Driver 选项,单击【完成】按钮,弹出图 7.28 所示的"ODBC 数据源安装"对话框,在该对话框中为数据源取名 teacher,单击【选择】按钮,弹出选择数据库对话框,选择 D:\datab\wxf.mdb,单击【确定】按钮,在图 7.29 所示的 ODBC 数据源管理器中就添加了名为 teacher 的数据源。

建立了 teacher 数据源后,在图 7.29 所示的界面中,选择使用 ODBC 数据资源名称建立与数据库的连接,在下面的下拉框中选择 teacher 即可,如图 7.29 所示。

图 7.28 ODBC 数据源安装

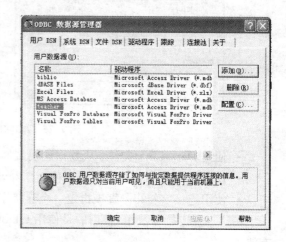

图 7.29 添加 teacher 数据源

(2) 记录源标签设置

数据源标签设置的从数据源中获取什么样的数据信息。它提供了 4 种检索数据命令:

- adCmdText:在数据源上运行一个 SQL 查询。
- adCmdStoredProc:在服务器中调用一个已经存储的过程。
- adCmdTable:指定一个数据表名,返回整个表信息。
- adCmdUnKnown:未知的命令类型。

选择不同的命令类型,在可用的相应文本框中输入相应命令即可。在此,可以选择 adCmdTable 命令,在下面的文本框中选择 teacher 表,如图 7.30 所示,单击【应用】按钮完成设置。

3. 显示数据

通过以上两个步骤的设置,剩下的就是显示数据了。与通用数据控件一样,数据的显示仍然依靠数据绑定控件来完成。在图 7.31 所示的窗体上,添加 4 个文本框数据绑定控件,分别显示 teacher 表中的四个字段信息。对这四个文本框控件,设置其 datasource 属性为 ADO 数据控件名 ADODC1,将它们的 dataField 属性分别设置为 teacher 表的四个相应字段,设置完成后,保存工程,运行工程结果如图 7.31 所示。

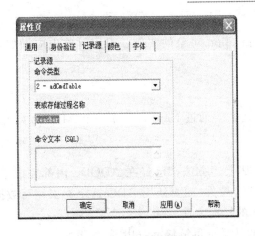 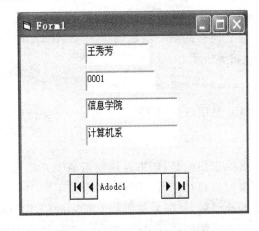

图 7.30　记录源设置　　　　　图 7.31　ADO 数据控件运行结果

7.4.2　ActiveX 数据对象

前面介绍的是使用 ADO 数据控件操作数据，在 Visual Basic 代码中经常使用 ADO 对象来操作数据。

1. ActiveX 数据对象

在 Visual Basic 中经常使用的 ActiveX 数据对象有表 7-3 所示的几种。要在程序中使用这些对象，一样也必须在程序中加入 ADO 参数，方法在前面已经叙述，在此不再赘述。加入了参数后，就可以使用特定前缀声明 ADO 对象了。声明 ADO 对象的前缀是 ADODB。ADODB 为 ADO 组件库的名字。

表 7-3　ActiveX 数据对象

对　　象	描　　述
Connection	控制与数据源的连接
Recordset	包含组成一次查询结果的记录
Command	用参数化查询运行数据库命令和查询
Error	从 ADO 中检索错误
Field	表示记录集中的一个数据
Parameter	操作 Command 对象，在一个查询或已存储的过程中建立一个参数
Property	允许访问 ADO 对象属性

代码中经常使用的 ADO 对象是 Connection 和 Recordset。下面重点介绍这两个对象的一些属性、方法和事件，也就是介绍如何在代码中使用这两个 ADO 对象操作数据。

2. Connection 对象

Connection 对象用来建立与数据源的连接。它最重要的属性是 Connectionstring 属性。

第 7 章　数据库应用基础

（1）建立与数据库的连接

建立连接的第一步是创建一个 ADODB.Connection 对象的实例。引用时首先应做如下声明，如下所示：

```
Dim Cn As ADODB.Connection
```

其中，Cn 是用户自定义的对象变量，真正使用时，还需要通过 New 来建立一个 ADO 的实例。

```
Set Cn = New ADODB.Connection
```

值得指出的是，如果直接使用 ADODC 控件，那上述方法都已经在 ADODC 内部完成了，不需要用户自己来写。但是，如果您不使用 ADODC 控件，而要使用 ADO 这个类来编写数据库系统的时候，就需要使用如上所述的引用 COM 的标准方法。

对象实例创建好之后，建立一个连接所需要的就是提供链接字符串了，如下所示：

```
Cn.ConnectionString = "DSN = teacher"
```

最后调用 Connectuon 对象的 Open 方法就可以建立一个数据库连接了，如下所示：

```
Cn.Open
```

完整的建立一个数据库连接的方法代码如下：

```
Dim Cn As ADODB.Connection
Set Cn = New ADODB.Connection
Cn.ConnectionString = "DSN = teacher"
Cn.Open
```

（2）Execute 方法

利用 Connection 对象检索信息，使用的是 Connection 对象的 Execute 方法。该方法能运行一个数据源的 SQL 语句。如果 SQL 语句返回记录，可以将返回值设置成 ADO Recordset 对象，这样就可以访问这些记录了。操作代码如下所示：

```
Dim rs as ADODB.Recordset
Set rs = cn.Execute("Select * from teacher where 所在学院 = '信息学院'")
```

上述语句的功能是 Connection 对象的 Execute 方法返回存放在 rs 中的一个 Recordset 记录集对象。接下来，用户就可以使用这个记录集中的数据信息了。

（3）Close 方法

当一个连接使用完后，调用 Close 方法，并且将它们设置为 Nothing，记录集对象也是如此。代码如下：

```
Cn.Close
Set cn = Nothing
```

```
Rs.Close
Set rs = Nothing
```

3. Recorset 对象

记录集中包含着一个数据库中的真实数据。这些数据往往通过对数据库的一次查询结果而建立。在 ADO 中，记录集在一个 Recordset 对象中存放。

(1) 创建一个记录集

我们已经知道使用 Connection 对象的 Execute 方法可以创建一个记录集。然而，Recordset 对象有自己的检索数据的方法和属性。像所有的 ADO 对象一样，要使用这些属性，首先需要创建一个新的 Recordset 对象实例：

```
Dim rs as ADODB.Recordset
Set rs = New ADODB.Recordset
```

创建 Recordset 对象实例之后，就可以使用 Recordset 对象的属性指定连接、记录源和记录集类型。

为一个 Recordset 对象指定数据源，使用 Recordset 对象的 ActiveConnection 属性，方法代码如下：

```
Rs.ActiveConnection = cn
```

Cn 是一个 ADO Connection 对象，它是一个指向数据源的已经打开的连接。

建立记录集的方法是使用 Recirdset 对象的 Source 属性。例如：

```
Rs.source = "selecet * from teacher"
Rs.Open
```

上述命令选择 teacher 表中的所有记录组成记录集 rs 的记录信息并打开该记录集。

(2) 显示字段值属性

对 Recordset 对象中的数据，可以使用 Fields 集去访问。访问方法如下：

记录集.Fields(字段名)　　　　　例如：rs.Fields("教师姓名")
记录集.Fields(索引序号)　　　　例如：rs.Fields(2)

对于上述两种访问字段的方法，经常使用的是使用索引序号去访问字段，需要注意的是，字段索引号从 0 开始，以少于记录集中的字段总数的值结束。记录集中字段总数可以通过 Fields 集的 Count 属性得到，即 rs.Fields.Count 的值即是记录集 rs 中的字段总数。

(3) 记录集的导航属性

更新当前记录中的字段值，需要使用具有记录集导航功能的属性。具有导航功能的记录集属性有如下 5 个：

- MoveFirst：将记录指针移动到记录集的第一条记录。

第7章 数据库应用基础

- MoveLast：将记录指针移动到记录集的最后一条记录。
- MoveNext：将记录指针移动到当前记录的下一条记录。
- MovePrevious：将记录指针移动到当前记录前面的一条记录。
- Move n：向前或向后移动指定数目 n 的记录。

在使用这 5 个属性时，还要用到记录集的 EOF 和 BOF 这两个属性，它们分别指示记录集的结束点和开始点的属性。

（4）更新数据属性

使用记录集的 Fields 集可以将信息放入一个 Recorset 对象并显示它，对已经正确建立的记录集，用户可以很容易的修改数据库中的信息，即对数据库进行更新所要做的仅仅是将记录指针导航到相应记录上，对字段设置新的值，然后调用 Update 方法即可。方法代码如下所示：

```
Rs.Fields("教师姓名") = "张新颖"
Rs.Update
```

（5）增加新记录

在一个 Recordset 对象中增加新记录步骤如下：

- 调用 AddNew 方法；
- 设置字段值；
- 调用 Update 方法。

通过前面的讲述，我们对数据库应用程序的开发有了初步的认识。下面可以通过二个例子了解数据库应用程序的具体编写方法。

例 7-1 分别使用 ADO 数据控件显示教师信息表中的教师信息

解题步骤如下：

① 启动 Visual Basic，建立一个新的 Standard EXE 工程。将 ADO 库参数加入到应用工程环境中。方法参阅第四节所述。

② 将 ADO 控件加入到 Visual Basic 工具箱中，方法如前所述。

③ 在图 7.31 所示的窗体上添加 4 个标签控件 Label1、Label2、Label3、Label4，分别设置 Caption 属性为"教师姓名"、"教师编号"、"所在学院"、"所在系别"；添加 4 个文本框数据绑定控件 Text1、Text2、Text3、Text4，分别设置它们的 datasource 属性为 adodc1，分别设置它们的 dataField 属性为"教师姓名"、"教师编号"、"所在学院"、"所在系别"。

④ 在工具箱中单击 ADODC 控件，在窗体上拖出适合大小的 ADODC 控件，如图 7.32 所示。选定数据控件，右击后在弹出的快捷菜单中选择"ADODC 属性"命令，在弹出的 ADODC 属性对话框中设置数据控件的通用和记录源两个属性页。在【通用】属性页中设置"使用 ODBC 数据源名称"连接数据库，数据源名称选择第四节已经建立的 teacher 数据源。在【记录源】属性页中设置"adCmdTable"，选择教师信息表 teacher，具体设置方法参阅第四节，在此不再赘述。

⑤ 设置好后保存工程,运行工程,结果如图 7.33 所示。

图 7.32 例 7-1 窗体设置　　　　图 7.33 例 7-1 运行结果

例 7-2 使用 ADO 代码方式显示教师信息表中的教师信息。

解题步骤如下:

① 启动 Visual Basic,建立一个新的 Standard EXE 工程。将 ADO 库参数加入到应用工程环境中,方法参阅第四节所述。

② 在图 7.32 所示的窗体上添加 4 个标签控件 Label1、Label2、Label3、Label4,分别设置 Caption 属性为"教师姓名"、"教师编号"、"所在学院"、"所在系别";添加 4 个文本框控件 Text1、Text2、Text3、Text4,设置它们的 datasource 属性为 adodc1,分别设置它们的 dataField 属性为"教师姓名"、"教师编号"、"所在学院"、"所在系别";添加 4 个命令按钮控件 Command1、Command2、Command3、Command4,设置 Caption 属性值分别为"起始记录"、"前一记录"、"后一记录"、"最后记录",设计界面如图 7.34 所示,运行结果如图 7.35 所示。

图 7.34 例 7-2 设计界面　　　　图 7.35 例 7-2 运行结果图

程序代码如下:

```
Option Explicit
Dim rs As ADODB.Recordset
Dim cn As ADODB.Connection
Private Sub Form_Load()
Set cn = New ADODB.Connection
cn.Open "dsn = teacher"
Set rs = New ADODB.Recordset
rs.CursorType = adOpenStatic
rs.Source = "select * from teacher"
rs.Open , "dsn = teacher"
diaplayrun
End Sub
Sub diaplayrun()
Dim i As Integer
Dim s As String
If rs.BOF Then rs.MoveFirst
If rs.EOF Then rs.MoveLast
   Text1.Text = rs.Fields(0)
   Text2.Text = rs.Fields(1)
   Text3.Text = rs.Fields(2)
   Text4.Text = rs.Fields(3)
End Sub
Private Sub Command1_Click()
rs.MoveFirst
diaplayrun
End Sub
Private Sub Command2_Click()
rs.MovePrevious
diaplayrun
End Sub
Private Sub Command3_Click()
rs.MoveNext
diaplayrun
End Sub
Private Sub Command4_Click()
rs.MoveLast
diaplayrun
End Sub
```

7.5 案例实训

使用 ADO 设计教室信息使用情况显示系统。

1. 界面设计

界面设计如图 7.36 所示。

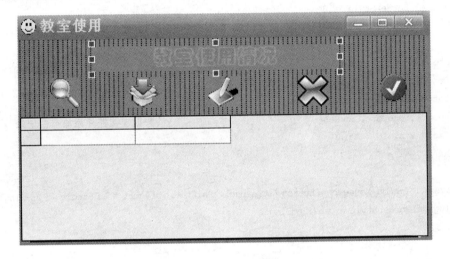

图 7.36 设计界面图

2. 代码设计

```
Option Explicit

Private Sub Form_Load()
    DataGrid1.AllowAddNew = False
    DataGrid1.AllowUpdate = False
    DataGrid1.AllowDelete = False
    ImgOK.Visible = False
End Sub

Private Sub Form_Unload(Cancel As Integer)
    Unload FrmSel
End Sub

Private Sub ImgSel_Click()
    FrmSel.Show
```

```vb
        End Sub
        
        Private Sub ImgSel_MouseDown(Button As Integer, Shift As Integer, X As Single, Y As Single)
            ImgSel.BorderStyle = vbFixedSingle
        End Sub
        
        Private Sub ImgSel_MouseUp(Button As Integer, Shift As Integer, X As Single, Y As Single)
            ImgSel.BorderStyle = 0
        End Sub
        
        Private Sub ImgAdd_Click()
            DataGrid1.AllowAddNew = True            '数据网格允许添加
            DataGrid1.AllowUpdate = True            '数据网格允许更新
            Adodc1.Recordset.AddNew                 '数据连接控件添加空白记录
            ImgOK.Visible = True
        End Sub
        
        Private Sub ImgAdd_MouseDown(Button As Integer, Shift As Integer, X As Single, Y As Single)
            ImgAdd.BorderStyle = vbFixedSingle
        End Sub
        
        Private Sub ImgAdd_MouseUp(Button As Integer, Shift As Integer, X As Single, Y As Single)
            ImgAdd.BorderStyle = 0
        End Sub
        
        Private Sub ImgEdit_Click()
            DataGrid1.AllowUpdate = True            '数据网格允许更新
            ImgOK.Visible = True
        End Sub
        
        Private Sub ImgEdit_MouseDown(Button As Integer, Shift As Integer, X As Single, Y As Single)
            ImgEdit.BorderStyle = vbFixedSingle
        End Sub
        
        Private Sub ImgEdit_MouseUp(Button As Integer, Shift As Integer, X As Single, Y As Single)
            ImgEdit.BorderStyle = 0
        End Sub
        
        Private Sub ImgDel_Click()
```

```
    Dim classID As String
    classID = DataGrid1.Columns("教室号").CellValue(DataGrid1.Bookmark)
                                                    '记录当前选中的教室编号
    Adodc1.Recordset.Find "教室号 = '" & classID & "'"
    If Adodc1.Recordset.EOF = False Then
        DataGrid1.AllowDelete = True
        Adodc1.Recordset.Delete
        ImgOK.Visible = True
    End If
    DataGrid1.AllowDelete = False
End Sub

Private Sub ImgDel_MouseDown(Button As Integer, Shift As Integer, X As Single, Y As Single)
    ImgDel.BorderStyle = vbFixedSingle
End Sub


Private Sub ImgDel_MouseUp(Button As Integer, Shift As Integer, X As Single, Y As Single)
    ImgDel.BorderStyle = 0
End Sub


Private Sub ImgOK_Click()
    Adodc1.Recordset.Update
    DataGrid1.ReBind
    DataGrid1.Refresh
    
    ImgOK.Visible = False
    DataGrid1.AllowAddNew = False
    DataGrid1.AllowUpdate = False
    DataGrid1.AllowDelete = False
End Sub


Private Sub ImgOK_MouseDown(Button As Integer, Shift As Integer, X As Single, Y As Single)
    ImgOK.BorderStyle = vbFixedSingle
End Sub


Private Sub ImgOK_MouseUp(Button As Integer, Shift As Integer, X As Single, Y As Single)
    ImgOK.BorderStyle = 0
End Sub
```

第7章 数据库应用基础

本章小结

本章主要介绍了数据控件访问数据库以及 ADO 对数据库的访问方法。ADO 不仅能进行标准数据库的增加和删除操作,还能在程序中增加较大范围的新数据库功能。本章最后给出了两个使用 ADO 操作数据库的例子。

习 题

7.1 简述利用数据管理器创建一个新数据库的步骤。

7.2 利用数据控件访问数据库,如何与数据绑定控件实现数据绑定,以文本框控件为例简要说明。

7.3 简述 Data 控件、ADO 控件和 ADO 对象的优缺点。

7.4 简述 ADO 数据控件连接到数据源的步骤。

7.5 利用 Data 控件,设计编写一个简单学生选课管理程序,能够实现数据浏览与数据维护功能。

第 8 章 串行通信控制

【本章教学目的与要求】
- 熟悉串行通信原理及串行通信流程
- 掌握 MSComm 控件常用的属性
- 掌握串行通信实现的方法和步骤

【本章知识结构】

图 8.0 为 VB 串行通信控制基本框图,以方便读者对 Visual Basic 的串行通信控制有一个深入的了解。

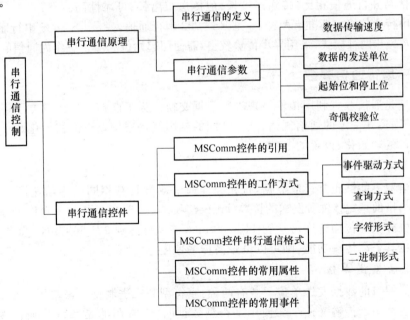

图 8.0　Visual Basic 的串行通信控制的基本框图

引　言

串行通信作为一种非常基础而又灵活的通信方式,被广泛应用于计算机之间的通信以及计算机与其他底层设备之间的通信。在开发串行通信程序的过程中,利用微软的 MSComm 通信控件则相对较简单。该控件具有丰富的与串行通信密切相关的属性及事件,提供了对串口的各种操作,可以方便实现串行通信。

8.1 串行通信原理

8.1.1 串行通信

通信就是两个设备之间的数据交换。计算机有串行端口、并行端口,这些端口为计算机和外部设备之间进行数据传输提供了通道。大家知道,计算机内的数据按位存储,每位的状态用0、1表示,在信息传递过程中0、1分别表示不同的电信号,数据每8位为一个字节,计算机的各种类型的数据都由字节组成。当计算机和外设之间的数据交换只用一条线路一位一位地进行传输时,也就是人们所说的串行通信,如果是利用多条线路一次传输8位,那就是所谓的并行通信,例如计算机与打印机的数据交换。

串行通信与并行通信相比,传送速度慢,但传送距离长、可靠性高。

常用的串行通信接口标准有两种,一是RS-232串行通信,一是RS-485串行通信。串行通信分为同步及异步两种模式,采用异步传输较多,需使用起始位和停止位作为通信的判断。

8.1.2 串行通信参数

串行通信是通信双方利用传输线来进行数据交换。为了能够使通信双方了解对方数据的含义,双方必须遵守一定的通信规则,这个共同的规则就是通信端口的初始化。

通信端口的初始化,设置的参数为:

1. 数据传输速度

要使通信双方能够正常读取数据,首先保证通信双方具有相同的通信速度。通常将传输速度单位 bps,指的是每秒钟所发送的位数(bit per second)。最常见的传输速度是:9 200 bps,现在个人计算机提供的传输速度可达到115 200 bps,甚至可达到921 600 bps。如果传输距离较近而且设备也具备高传输功能,则可以设置高传输速度。

2. 数据的发送单位

串行通信端口的数据发送单位一般有两种:字符型和二进制型。最常用的是字符型,二进制的数据类型常用于传输文件。在使用字符型数据时,最常用的是 ASCII 码。例如:计算机接收到的数据是"01000001",那么也就表示接收到"A"字符(A 的 ASCII 码值为 65)。

3. 起始位和停止位

在异步串行传输中,发送端何时发送数据,接收端如何判断发送端发送数据结束,必须通过起始位和停止位来识别。起始位固定为1位,停止位可以设置成1位、1.5位或者2位。要求通信双方必须设置一致。

4. 奇偶校验位

校验位是用来检查所发送的数据是否正确的核对码,有两种方式:奇校验位和偶校验位,分别用来校验字符码中 1 的数目是奇数还是偶数。以偶校验为例,如"01000001",其中 1 有两个,为偶数,所以检验位为 0。

根据上述设置,串行通信的数据格式是:起始位＋数据位＋校验位＋停止位。

若设置 1 个起始位、8 个数据位、1 个停止位,无奇偶校验,则数据传输的格式是:1 个起始位＋8 个数据位＋0 个校验位＋1 个停止位,数据最小的传输单位为 10 位。

8.2　串行通信控件 MSComm 控件

Mscomm 控件是 Microsoft 公司提供的串行通信编程 ActiveX 控件,它为应用程序提供了通过串行接口实现数据通信的简便方法。

8.2.1　MSComm 控件的引用

当新建一个工程时,Visual basic 的工具箱中包含的控件是内置标准控件,主要完成基本的功能,使用 MSComm 控件必须先引用。MSComm 控件的引用操作步骤如下:

- 单击主菜单栏"工程"菜单。
- 选择"工程"菜单中"部件"命令,如图 8.1 所示。
- 打开"部件"对话框,选中 Microsoft Comm Control 6.0 复选框,如图 8.2 所示。单击"应用"或"确定"按钮后,即在工具箱中添加 MSComm 控件。

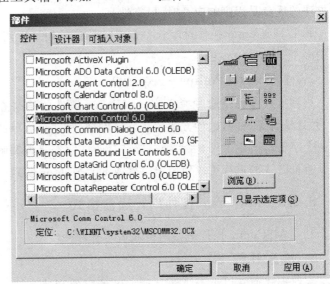

图 8.1　在工程菜单中
　　　　选择"部件"选项

图 8.2　选择 Microsoft Comm Control 6.0 复选框

工具箱和窗体上的 MSComm 控件分别如图 8.3 和图 8.4 所示。

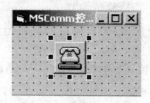

图 8.3　工具箱中的 MSComm 控件　　　图 8.4　窗体上的 MSComm 控件

8.2.2　MSComm 控件工作方式

MSComm 控件通过串行端口发送和接收数据，为应用程序提供串行通信功能。MSComm 控件处理通信的方式有两种：事件驱动方式和查询方式。

1. 事件驱动方式（Event–driven）

事件驱动方式是由 Mscomm 控件的 OnComm 事件捕获并处理通信错误及事件。

事件驱动通信是处理串行端口交互作用的一种非常有效的方法。在许多情况下，当事件发生时，程序会希望被通知，例如，在有字符到达或发生一个变化时，可以利用 MSComm 控件的 OnComm 事件捕获并处理这些通信事件。OnComm 事件还可以检查和处理通信错误。这种方法的优点是程序响应及时，可靠性高。

每个 MSComm 控件对应着一个串行端口。如果应用程序需要访问多个串行端口，必须使用多个 MSComm 控件。

2. 查询方式（Polling–request）

查询方式是程序通过检查 CommEvent 属性的值来查询事件和错误。如果应用程序较小，并且是自保持的，这种方法比较好。例如，写一个简单的电话拨号程序，就没有必要对每接收一个字符都产生事件，因为唯一等待接收的字符是调制解调器的"确定"响应。

查询方式的进行可以使用定时器或 Do,…,loop 实现。

8.2.3　MSComm 控件串行通信格式

利用 MSComm 控件进行串行通信时有两种传输方式：字符形式和二进制形式。

1. 字符形式

字符形式通常以小于 ASCII 码 128 的字符码来传递，这些字符大多为可见字符，通常用于传送指令。

按字符发送接收数据的流程如图 8.5 所示。

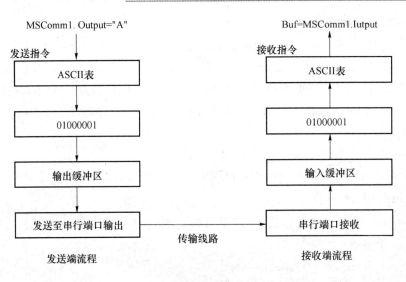

图 8.5 字符型数据的发送与接收流程图

2. 二进制形式

二进制形式将数据以二进制编码的方式传递,它可能含有 ASCII 码 128 以上的不可见的字符码,通常用来传送数据,以提高速度。按二进制形式发送接收数据的流程如图 8.6 所示。

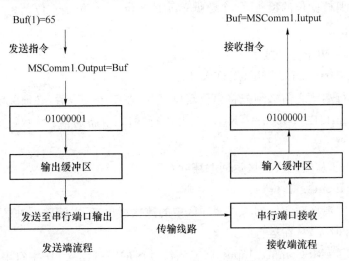

图 8.6 二进制数据的发送与接收流程图

8.2.4 MSComm 控件的常用属性

MSComm 控件属性很多,常见的重要属性有:

1. CommPort 属性

功能：CommPort 用于设置并返回通信端口号。

格式：object.CommPort＝[value]

说明：value 为整型值，说明端口号。在设计时 value 可以设置成从 1～16 的任何数（默认值为 1）。但如果用 PortOpen 属性打开一个并不存在的端口时，MSComm 控件会产生错误 68（设备无效）。

注意：必须在打开端口之前设置 CommPort 属性。

例如：MSComm1.ComPort＝1,指定使用串行端口 COM1 进行通信。

2. Settings 属性

功能：Settings 用于初始化参数，并以字符串的形式设置或返回波特率、奇偶校验、数据位、停止位等 4 个参数。

格式：object.Settings[＝ value]

说明：Value 为字符串表达式，说明通信端口的设计值，由四个设置值组成，格式为："BBBB,P,D,S"。BBBB 为波特率，P 为奇偶校验，D 为数据位数，S 为停止位数。value 的默认值是"9600,N,8,1"。

例如：MSComm1.setting＝"9 600,N,8,1",表示所使用的端口以每秒 9 600 位的速率进行传输,不进行奇偶校验位的检查,每个数据单元是 8 位,停止位是 1 位。

3. PortOpen 属性

功能：PortOpen 用于打开或关闭串行端口。

格式：Object.PortOpen＝[TRUE|FALSE]

说明：使用串行端口之前必须先将串行端口打开,在使用完毕后,必须关闭串行端口。

例如：MSComm1.PortOpen＝TRUE,打开串行端口,准备通信。

4. Input 属性

功能：Input 用于从输入缓冲区返回并删除字符。

格式：Object.Input

说明：该命令实现将对方传到输入缓冲区中的数据读出来,并清除缓冲区中已被读取的数据。该属性在设计时无效,在运行时只读。

例如：strMYM＝MSComm1.Input,将输入缓冲区的字符读入 str 字符串变量中。

5. Output 属性

功能：Output 属性用于将要发送的数据写入传输缓冲区。

格式：Object.Output＝[value]

说明：利用该命令将数据传送到缓冲区后随即被送出,同时如果 MSComm 控件设置有发送阈值属性时就会发生事件。

例如:MSComm1.Output="example",把 example 5 个字符通过串行端口发送出去。

6. InputLen 属性

功能:Input 用于设置并返回 Input 属性从接收缓冲区读取的字符数。

格式:object.InputLen[= value]

说明:value 为整型表达式,表示 Input 属性从接收缓冲区中读取的字符数。InputLen 属性的默认值是 0。设置 InputLen 为 0 时,MSComm1.Input 将读取接收缓冲区中全部的内容。

若接收缓冲区中 InputLen 字符无效,Input 属性返回一个零长度字符串("")。在使 Input 前,用户可以选择检查 InBufferCount 属性来确定缓冲区中是否已有需要数目的字符。该属性在从输出格式为定长数据的机器读取数据时非常有用。例如:MSComm1.InputLen=2,表示用 Input 命令时,从缓冲区只读取 20 个字符。

7. InputMode 属性

功能:InputMode 用于设置或返回 Input 属性取回数据的类型。

格式:object.InputMode[= value]

说明:value 的取值为 0(默认),为 1 时:

当 value=0 或 comInputModeText,表示通过 Input 属性以文本方式取回数据;

当 value=1 或 comInputModeBinary,表示通过 Input 属性以二进制方式取回数据。

8. InBufferCount 属性

功能:InBufferCount 属性用于返回在接收缓冲区中的字符数。

格式:object.InBufferCount

说明:InBufferCount 是已接收,并在接收缓冲区中等待读取的字符数。若 InBufferCount=0,则用于清除接收缓冲区。该属性在设计阶段无法使用。例如:count%=MSComm1.InBufferCount,返回已接收到的字符数。

8.2.5 MSComm 控件的事件

在前面的章节中,讲过事件可以由系统、键盘、鼠标三种方式触发,程序员根据不同对象响应的不同事件编写相应的程序代码。

同样对于 VB 中的 MSComm 控件也会在适当的时候引发事件,不过 MSComm 控件只有一个事件,即 OnComm 事件,所有可能发生的情况,包括所有的通信事件、检查和处理通信错误全部在这个事件中进行处理。在这里,可以通过检查 CommEvent 属性的值来查询事件和错误。CommEvent 属性为通信事件或错误返回值之一,如表 8-1 所列。

表 8-1 CommEvent 属性为通信事件或错误返回值之一

常　数	值	描　　述
comEventBreak	1001	接收到中断信号
comEventCTSTO	1002	Clear-to-send 超时。在发送字符时,在系统指定的时间内,CTS(Clear To Ready)线是低电平
comEventDSRTO	1003	Data-set ready 超时。在发送字符时,在系统指定的时间内,DSR(Data Set Ready)线是低电平
comEventFrame	1004	数据帧错误
comEventOverrun	1006	端口溢出。硬件中的字符尚未读,下一个字符又到大,并且丢失
comEventCDTO	1007	Carrier detect 超时。在发送字符时,在系统指定的时间内,CD(Carrier Detect)线是低电平
comEventRxOver	1008	接收缓冲区溢出。在接收缓冲区中没有空间
comEventRxParity	1009	奇偶校验错误
comEventTxFull	1010	发送缓冲区满
comEventDCB	1011	检索端口设备控制块(DCB)时的意外错误

8.2.6 利用 MSComm 控件进行串行通信

通信步骤如下:
① 在窗体上添加通信控件——MSComm 控件;
② 设置通信端口——CommPort 属性的设置;
③ 设置传输参数——Setting 属性的设置;
④ 设置其他参数;
⑤ 打开通信端口——PortOpen 的属性设置为 True;
⑥ 发送数据或接收数据——利用 Input 和 Output 属性;
⑦ 通信结束后,关闭通信端口——PortOpen 的属性设置为 False。

按照上述步骤,即可建立一个串行通信系统。其中步骤①~⑤的设置既可以在设计阶段的属性窗口中设置,也可利用程序代码设置;步骤⑥以后的设置必须通过程序代码实现。

例 8-1 利用 MSComm 控件,实现两台 PC 机间的串口通信。

1. 界面设计

新建一个工程,在窗体 Form1 上放两个 Text 控件、两个 CommandButton 控件和两个 Label 控件,如图 8.7 所示,控件属性设置如表 8-2 所列。

第 8 章　串行通信控制

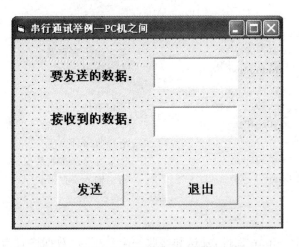

图 8.7　两台 PC 机间的串口通信界面设计

表 8-2　控件属性设置

控件类型	名称	Caption 属性	说明
Text	Text1		输入要发送的内容
Text	Text2		显示接收到的信息
CommandButton	Command1	发送	
CommandButton	Command2	退出	
Label	Label1	发送的数据	提示信息
Label	Label2	接收的数据	提示信息

2. MSComm 控件引用

在控件工具箱中的空白处右击鼠标,在弹出的菜单中选择"部件",在弹出的对话框窗口中的控件列表中选中"Microsoft Comm Control",单击"应用"、"确定"钮,在控件工具栏中就会出现一个电话图标。选中 MSComm 控件,在窗体上建立 MSComm 控件对象。用串口线将两台电脑连接。

3. 编写代码

```
Private Sub Form_Load()                          '通信端口初始化
    MSComm1.CommPort = 1                         '使用 Com1 口
    MSComm1.Settings = "9600,n,8,1"              '设置通信参数:波特率 9 600 bps,无校验,8 位数据
                                                 '位,1 位停止位
    MSComm1.PortOpen = True                      '打开串口
    MSComm1.InputMode = ComInputModeText         '读取数据类型为字符型
```

```
End Sub
Private Sub Command1_Click()              '发送数据
    MSComm1.OutBufferCount = 0            '清空输出寄存器
    MSComm1.Output = Text1.Text           '发送数据
End Sub
Private Sub Mscomm1_Oncomm()              '通信事件发生
    Select Case MSComm1.CommEvent
    Case comEvReceive                     '有接收事件发生
    Text2.Text = MSComm1.Input            '读取并显示接收数据
    MSComm1.InBufferCount = 0             '清空输入寄存器
    End Select
End Sub
```

例8-2 利用 MSComm 控件,发送和接收一个数据包,数据格式为二进制数。

```
Private Sub Form_Load()
MSComm1.CommPort = 1                      '使用串口1
MSComm1.Settings = "9600,n,8,1"           '设置通信参数
MSComm1.InputMode = comInputModeBinary    '输入数据类型为二进制
MSComm1.PortOpen = True                   '打开串口
End Sub
Private Sub Command1_Click()              '发送数据
Dim outbte(0) As Byte                     '二进制数组
outbte(0) = &H8                           '十六进制的8
MSComm1.OutBufferCount = 0                '清空缓存
MSComm1.Output = outbte                   '发送数组
End Sub
Private Sub Mscomm1_Oncomm()              '接收一数据包
Dim i as integer
Dim j as integer
Dim inbte As Variant                      '发送或接收二进制数据必须用 Variant 类型的
                                          '变量
对二进制 Byte 类型的变量进行转换
Dim temp_votage(5)                        '每个数据包含5个数
inbte = MSComm1.Input
j = 1
For i = LBound(inbte) To UBound(inbte)
temp_votage(j) = inbte(i)
j = j + 1
Next i
End Sub
```

8.3 案例实训

设计一个电话输入、挂断简单系统,系统具有运行时单击"打开端口"按钮,打开端口;单击"输入电话号码"按钮,可以输入电话号码;单击"挂断电话"按钮,可以挂断电话。

1. 界面设计

如图 8.8 所示界面设计。

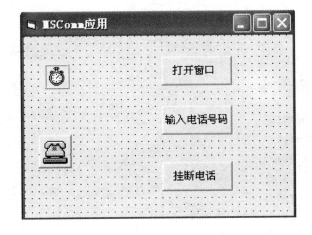

图 8.8　界面设置图

2. 编写程序代码

```
Option Explicit
Public echo As Boolean
Dim ret As Integer
Dim starttime As Date

Private Sub command1_click()
On Error Resume Next
Dim openflag
MSComm1.PortOpen = Not MSComm1.PortOpen
If Err Then MsgBox ErrorMYM, 48
openflag = MSComm1.PortOpen
If MSComm1.PortOpen Then
StartTiming
End If
End Sub
```

第 8 章　串行通信控制

```vb
Private Sub command2_click()
On Local Error Resume Next
Static num As Single
num = "1 - 206 - 936 - 6735"
num = InputBoxMYM("输入电话号码:", "拨打电话号码", num)
If num = "" Then Exit Sub
If Not MSComm1.PortOpen Then
    If Err Then Exit Sub
End If
MSComm1.Output = "atdt" & num & vbCrLf
StartTiming
End Sub
Private Sub command3_click()
On Error Resume Next
MSComm1.Output = "ATH"
ret = MSComm1.DTREnable
MSComm1.DTREnable = True
MSComm1.DTREnable = False
MSComm1.DTREnable = ret
If MSComm1.PortOpen Then MSComm1.PortOpen = False
If Err Then MsgBox ErrorMYM, 48
StopTiming
On Error GoTo 0
End Sub
Private Static Sub mscomm1_oncomm()
Dim evmsgDim ermsgSelect Case MSComm1.CommEvent
Case comEvReceive
Dim buffer As Variant
buffer = MSComm1.Input
Debug.Print "接受-" & StrConv(buffer, vbUnicode)
Case comEvSend
Case comEvCTS
evmsgMYM = "被检测的 CTS 改变"
Case comEvDSR
evmsgMYM = "被检测的 DSR 改变"
Case comEvCD
evmsgMYM = "被检测的 CD 改变"
Case comEvRing
```

```
        evmsgMYM = "电话玲响起"
    Case comEvEOF
        evmsgMYM = "被检测的文件结尾"
    Case comBreak
        ermsgMYM = "收到中断"
    Case comCDTO
        ermsgMYM = "运输检测超时"
    Case comCTSTO
        ermsgMYM = "CTS 超时"
    Case comDCB
        ermsgMYM = "检测 DCB 错误"
    Case comDSRTO
        ermsgMYM = "DSR 超时"
    Case comFrame
        ermsgMYM = "帧错误"
    Case comOverrun
        ermsgMYM = "超限错误"
    Case comRxOver
        ermsgMYM = "接受缓冲区溢出"
    Case comRxParity
        ermsgMYM = "奇偶校验错"
    Case comTxFull
        ermsgMYM = "传送缓冲区满"
    Case Else
        ermsgMYM = "未知的错误或事件"
End Select
End Sub
Private Sub StartTiming()
    starttime = Now
    Timer1.Enabled = True
End Sub
Private Sub StopTiming()
    Timer1.Enabled = False
End Sub
```

3. 运行结果

运行结果如图 8.9 所示。

第8章 串行通信控制

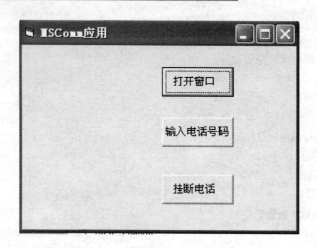

图 8.9 运行结果图

本章小结

本章主要介绍 VB 中的 MSComm 控件,通过对此控件属性和事件进行相应的编程操作,就可以轻松实现串口通信。

MSComm 控件中最重要的属性有 CommPort 属性、Settings 属性、PortOpen 属性、Input 属性、Output 属性、InputLen 属性、InputMode 属性,在本章内,对这些属性均一一作了介绍。OnComm 事件是 MSComm 控件的唯一事件,此事件可用来处理所有与通信相关的事件,不管是何种事件发生,MSComm 控件只用一个 CommEvent 的属性予以代表。使用事件程序的好处是不需要一直让程序处于检查的状态,只要事先将程序代码写好,一旦有事件发生,就会直接执行相应的程序代码。

使用 MSComm 控件基本的操作步骤为:首先初始化串口,比如端口号、波特率等属性,然后打开端口,通过接收缓冲区读接收到的数据,通过发送缓冲区来发送传送的数据,最后通过事件驱动来反映数据的到达与发送过程。

习 题

8.1 试说明 MSComm 控件的引用步骤。

8.2 MSComm 控件工作方式有哪两种,简单说明。

8.3 设计一个应用程序,使用 MSComm 控件的自动接收功能,当发送的字符数达到 5 个时启动接收程序,将接收到的数据显示出来。

第 9 章 应用案例

【本章教学目的与要求】
- 应用所学知识设计具体案例
- 掌握案例设计过程

【本章知识结构】

图 9.0 为 Visual Basic 语言程序设计的应用案例,以方便读者对语言有一个紧入的了解。

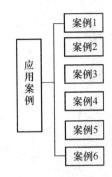

图 9.0 Visual Basic 语言的应用案例

引　言

前面我们学习了 VB 的基本知识,掌握了 VB 的基本实现过程。本章利用所学的基本知识进行应用程序的开发,旨在提高利用 VB 进行编程的能力。

案例 9.1　设计工作备忘录

在办公过程中,利用电子式的工作备忘录,可以克服纸制备忘录记录繁琐及保存不便等缺点,同时可以提高工作效率。本案例可以提供工作日备忘录的建立和修改,运行界面如图 9.1 所示。

9.1.1　设计要求

工作备忘录具备建立和修改备忘录的功能,同时提供日历和时钟及简单的动画动作。具体要求如下:

① 使用备忘录必须输入正确的密码,否则备忘功能不可使用。因此程序开始运行时首先需要输入密码,密码输入框如图 9.2 所示。

② 5 种不同颜色的文本框用来存放周一到周五的备忘录。单击其中任何一个文本框将显示(若已存在备忘录)并可编辑备忘录。

第 9 章 应用案例

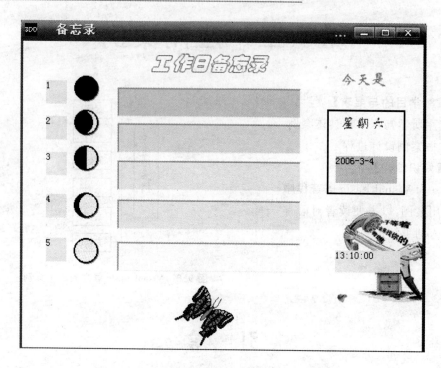

图 9.1 工作备忘录

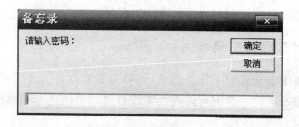

图 9.2 密码输入框

③ 单击代表周一到周五的彩色按钮,将保存对应的备忘文本,显示保存完成信息框。

④ 提供图 9.1 所示的简易日历和时钟。日历显示当前日期和星期,时钟显示当前时间。

⑤ 在备忘录的下方设计循环移动的图像,如图 9.1 所示。鼠标指向文本区和彩色按钮将有相应的信息提示。

9.1.2 设计目的

通过备忘录的设计,掌握常用函数和常用控件在程序设计中的综合运用。

9.1.3 设计步骤

1. 界面设计

界面布局如图 9.3 所示。

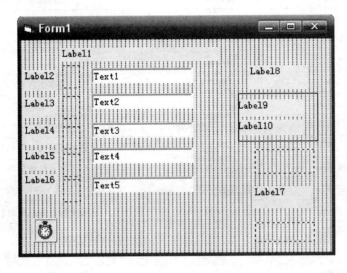

图 9.3 界面布局

① 本界面共 5 个文本框用于显示和修改。

② 7 个图像框,其中 5 个放按钮图片,1 个放"电话"图片,1 个放用时钟对象控制的可移动图片。

③ 一个时钟对象用于控制图像框的移动和时间的变化。

④ 界面中共设 10 个标签,5 个标识按钮,其余分别显示备忘录标题、日历标题、日期、星期和时间。

⑤ 添加一形状控件,将星期和日期绑在一起形成日历。

2. 对象属性设置

对象属性设置如表 9-1~表 9-4 所列,设置效果如图 9.4 所示。

(1) 窗体、文本框属性设置

窗体、文本框属性设置如表 9-1 所列。

第9章 应用案例

表9-1 窗体、文本框属性值

对象	属性名	属性值	说明
Form1	（名称）	frmmemo	代码中标识窗体的名称
	Caption	备忘录	窗体的颜色
	BackColor	&H00FFFFFF&	窗体的背景
	Icon	Memo.ico	窗体图标
Text1	（名称）	txtmon	代码中标识文本框的名称
	BackColor	&H00FFC0C0&	文本框背景
	ForeColor	&H80000008&	文本的前景
	ToolTipText	单击显示/编辑星期一备忘录	当鼠标在文本框上暂停时显示的文本
Text2	（名称）	txttue	代码中标识文本框的名称
	BackColor	&H00FFC0FF&	文本框背景
	ToolTipText	单击显示/编辑星期二备忘录	当鼠标在文本框上暂停时显示的文本
Text3	（名称）	txtwed	代码中标识文本框的名称
	BackColor	&H00C0FFC0&	文本框背景
	ToolTipText	单击显示/编辑星期三备忘录	当鼠标在文本框上暂停时显示的文本
Text4	（名称）	txtthu	代码中标识文本框的名称
	BackColor	&H00C0E0FF&	文本框背景
	ToolTipText	单击显示/编辑星期四备忘录	当鼠标在文本框上暂停时显示的文本
Text5	（名称）	txtfri	代码中标识文本框的名称
	BackColor	&H00C0FFFF&	文本框背景
	ToolTipText	单击显示/编辑星期五备忘录	当鼠标在文本框上暂停时显示的文本

（2）图像框属性设置

图像框属性设置如表9-2所列。

表9-2 图像框属性值

对象	属性名	属性值	说明
Image1	（名称）	Imgb1	代码中标识图像框的名称
	Picture	Button1.jpg	图像框中的图片
	ToolTipText	单击建立/保存星期一备忘录	鼠标在图像框上暂停时显示的文本
Image2	（名称）	Imgb	代码中标识图像框的名称
	Picture	Button2.jpg	图像框中的图片
	ToolTipText	单击建立/保存星期二备忘录	鼠标在图像框上暂停时显示的文本

续表 9-2

对象	属性名	属性值	说明
Image3	（名称）	Imgb3	代码中标识图像框的名称
	Picture	Button3.jpg	图像框中的图片
	ToolTipText	单击建立/保存星期三备忘录	鼠标在图像框上暂停时显示的文本
Image4	（名称）	Imgb4	代码中标识图像框的名称
	Picture	Button4.jpg	图像框中的图片
	ToolTipText	单击建立/保存星期四备忘录	鼠标在图像框上暂停时显示的文本
Image5	（名称）	Imgb5	代码中标识图像框的名称
	Picture	Button5.jpg	图像框中的图片
	ToolTipText	单击建立/保存星期五备忘录	鼠标在图像框上暂停时显示的文本
Image6	（名称）	Imgteleph	代码中标识图像框的名称
	Picture	Telephone.jpg	图像框中的图片
Image7	（名称）	Imgpicture	代码中标识图像框的名称
	Picture	chick.jpg	图像框中的图片

(3) 标签属性设置

标签属性设置如表 9-3 所列。

表 9-3 标签属性值

对象	属性名	属性值	说明
Label1	（名称）	lbltitle	代码中标识标签的名称
	Caption	工作日备忘录	标签中的文本
	BackColor	&H00FFFFFF&	标签背景
	Font	华文彩云(小二,斜体)	字体
	ForeColor	&H000000FF&	标签的前景
Label2	（名称）	Label2	代码中标识标签的名称
	Caption	1	标签中的文本
	BackColor	&H8000000F&	标签背景
	Font	华文彩云(小二,斜体)	字体
	ForeColor	&H80000012&	标签的前景

续表 9-3

对象	属性名	属性值	说明
Label8	（名称）	lbltitle8	代码中标识标签的名称
	Caption	今天是	标签中的文本
	BackColor	&H000FFFFFF&	标签背景
	Font	华文新魏（4号）	字体
	ForeColor	&H0000C000&	标签的前景
Label9	（名称）	Lblweekday	代码中标识标签的名称
	BackColor	&H00FFFFFF&	标签背景
	Font	方正舒体（4号）	字体
	ForeColor	&H000000FF&	标签的前景
Label10	（名称）	lbldate	代码中标识标签的名称
	BackColor	&H00FFC0C0&	标签背景
Label7	（名称）	lbltime	代码中标识标签的名称
	ForeColor	&H00FF0000&	标签的前景

（4）时钟、形状属性设置

时钟、形状属性设置如表 9-4 所列，属性设置效果如图 9.4 所示。

表 9-4 时钟和形状属性值

对象	属性名	属性值	说明
Timer	Interval	100	对性的事件间隔的毫秒数
Shape1	borderwidth	2	形状边框宽度
	Shape	0—Rectangle	形状外观

3. 代码设计

本案例代码主要由 4 部分组成：保存备忘录、查看、编辑备忘录、时钟与动画、密码与日历。

（1）"保存"备忘录的代码

保存备忘录的代码具有保存文本和显示提示消息框的功能，使用窗体级变量 b1，b2，b3，b4，b5 来保存。其代码由 5 组组成，分别用于保存星期一至星期五的备忘录。以下为"保存"备忘录代码。

① 星期一

```
Private Sub Imgb1_Click()
b1 = txtmon.Text
```

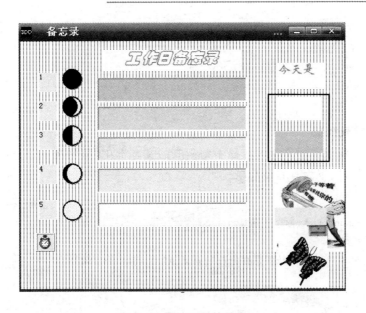

图 9.4　属性设置效果图

answer = MsgBox("星期一备忘录已保存", 0 + 64 + 0, "备忘录")
End Sub

② 星期二

Private Sub Imgb2_Click()
b2 = txttue.Text
answer = MsgBox("星期二备忘录已保存", 0 + 64 + 0, "备忘录")
End Sub

③ 星期三

Private Sub Imgb3_Click()
B3 = txtwed.Text
answer = MsgBox("星期三备忘录已保存", 0 + 64 + 0, "备忘录")
End Sub

② 星期四

Private Sub Imgb4_Click()
B4 = txtthu.Text
answer = MsgBox("星期四备忘录已保存", 0 + 64 + 0, "备忘录")
End Sub

② 星期五

```
Private Sub Imgb5_Click()
B5 = txtfri.Text
answer = MsgBox("星期五备忘录已保存", 0 + 64 + 0, "备忘录")
End Sub
```

（2）查看备忘录代码

这组代码具有将保存的文件内容显示到相应的文本框中，显示提示消息框的作用。查看备忘录代码有5组，以下为查看备忘录代码。

① 星期一

```
Private Sub txtmon_Click()
txtmon.Text = b1
answer = MsgBox("单击左边按钮保存修改", 0 + 64 + 64, "备忘录")
End Sub
```

② 星期二

```
Private Sub Txttue_Click()
txttue.Text = b2
answer = MsgBox("单击左边按钮保存修改", 0 + 64 + 64, "备忘录")
End Sub
```

③ 星期三

```
Private Sub txtwed_Click()
txtwed.Text = b3
answer = MsgBox("单击左边按钮保存修改", 0 + 64 + 64, "备忘录")
End Sub
```

② 星期四

```
Private Sub txtthu_Click()
txtthu.Text = b4
answer = MsgBox("单击左边按钮保存修改", 0 + 64 + 64, "备忘录")
End Sub
```

② 星期五

```
Private Sub txtfri_Click()
txtfri.Text = b5
answer = MsgBox("单击左边按钮保存修改", 0 + 64 + 64, "备忘录")
End Sub
```

(3) 时钟与动画代码

在程序运行中时钟能够不断更新时间,图像框能移动使图片形成动画效果。设置 Timer 事件且每 100 ms 执行一次,也就是说,lbltime.Caption＝Time()语句 100 ms 执行一次,即 lbltime 的文本属性赋一次当前时间,所以时钟时间不断变化。同理,图像框每 100 ms 移动一次,将形成动画效果。

```
Private Sub Timer1_Timer()
lbltime.Caption = Time()
Imgpicture.Move Imgpicture.Left - 100
If Imgpicture.Left <= 0 Then
Imgpicture.Left = 5880
End If
End Sub
```

(4) 密码日历代码

密码的输入与日历的显示在窗体调用时发生。

```
Private Sub Form_Load()
Lblweekday.Caption = WeekdayName(Weekday(Now))   'Weekday(Now)返回星期代号,
                                                 'WeekdayName(Weekday(Now))返回星期名称
Lbldate.Caption = Date                           '当前日期
Dim key As String                                '定义字符型变量 key
Const password = "cxz12345"                      '定义字符型常量 password 值为密码"cxz12345"
key = InputBox("请输入密码:","备忘录")            '调用函数 InputBox 打开输入对话框,对话框的输入值
                                                 '即为函数值,因此 key 的值即为输入'密码值
If key = password Then                           '如果输入的密码值与密码 password 即"cxz12345"相
                                                 '同,那么设置以下对象响应事件
txtmon.Enabled = True                            '设置文本响应事件(单击事件),初始属性设置为不响
                                                 '应事件
txttue.Enabled = True
txtwed.Enabled = True
txtthu.Enabled = True
txtfri.Enabled = True
Imgb1.Enabled = True                             '设置图像响应事件(单击事件),初始属性设置为不响
                                                 '应事件
Imgb2.Enabled = True
Imgb3.Enabled = True
Imgb4.Enabled = True
Imgb5.Enabled = True
End If
End Sub
```

第9章 应用案例

案例9.2 下雪场景显示

下雪的场景非常美,看雪慢慢地堆积起来更美,这可以通过程序来模拟出下雪的场景。

9.2.1 设计要求

"下雪"提供在窗口中绘制雪花,雪花飘动、堆积和使用鼠标在屏幕上画线的功能。具体设计要求如下:

① 雪花飘动。首先把窗口背景色设置为黑色,然后在底色为黑色的屏幕上随机画出许多白点(雪花),最后使雪花不断地向下移动。

② 鼠标画线。在窗体中按下鼠标并在拖动时在窗体中绘制相应的红色线条。

9.2.2 设计目的

设计目的:通过模拟下雪的场景,掌握三大语句的使用,并对在屏幕上画图及结构的使用有一定的了解。

9.2.3 设计步骤

1. 界面布局

界面布局如图9.5所示。

图9.5 雪花飘界面设计

2. 属性设置

属性设置如表9-5所列。

表 9-5　窗体属性值表

对象	属性名	属性值	说明
Form	（名称）	frmMain	窗体的名称
	Caption	下雪	窗体的标题
	Height	4000	窗体的高度
	Width	6000	窗体宽度
	MaxButton	False	窗体最大化按钮无效
	MinButton	False	窗体最小化按钮无效
	StrUpPosition	2	运行时窗体显示位置2为屏幕中心
Timer	（名称）	Tmr1	控件名称
	Interval	500	Time对属性的Timer事件间隔的毫秒数

3. 代码设计

(1) 设计分析

制作下雪的景象并不复杂，其首先在底色为黑色的屏幕上随机画出许多白点（雪花），然后使这些雪花不断的向下移动（重复画），反复循环，就成功地模拟了下雪的景象。

此程序设计分为两部分，一部分为窗体模块设计，另一部分为标准模块设计。窗体模块包含处理事件的过程、通用过程及变量、常数、类型和外部过程的窗体级声明。在本系统中只有一个窗体模块为 FrmMain.frm。

(2) 窗体模块设计

① 变量设计：在此模块中包含计时器控制变量。

```
Dim bRUN As Boolean
```

按下鼠标是鼠标所处窗体位置的 X 坐标

```
Dim fMouseDown_X As Single
```

按下鼠标是鼠标所处窗体位置的 Y 坐标

```
Dim fMouseDown_Y As Single
```

判断鼠标是否按下的标志变量

```
Dim bMOUSE_DOWN As Boolean
```

② 窗体 Load 事件过程

```
Private Sub Form_Load()
    Randomize                '对随机数生成器做初始化的动作
```

第9章 应用案例

```
    Me.ScaleMode = vbPixels                         '指示对象坐标的度量单位为像素,Me 指当前窗体
    Me.DrawWidth = PSIZE                            '线条宽度在标准模块中定义相同为1
    Me.BackColor = vbBlack                          '背景颜色
    Dim i As Integer
    For i = 0 To MAXP                               '为雪花定义 X 和 Y 坐标(随机定义)
        Snow(i).X = CInt(Int(Me.ScaleWidth * Rnd))
        Snow(i).Y = CInt(Int(Me.ScaleHeight * Rnd))
    Next i

    bRUN = True
    Tmr1.Enabled = True                             '启动定时器
    Const sTEXT = "R e a l   S n o w"               '在窗口中显示文字并定义其颜色和位置
    Me.ForeColor = vbRed
    Me.CurrentX = Me.ScaleWidth / 2 - TextWidth(sTEXT) / 2
    Me.CurrentY = Me.ScaleHeight / 2 - TextHeight(sTEXT) / 2 + 2
    Me.Print sTEXT                                  '屏幕输出
    Me.ForeColor = vbWhite                          '定义前景色
End Sub
```

上面代码的功能包括初始化随机数生成器,为窗体的 ScaleMode、DrawWidth 和 BackColor 属性赋值,在窗口中定义运行是要现实的文字并启动计时器。

③ 计时器的 Timer 事件过程

```
Private Sub Tmr1_Timer()
    DrawSnow
End Sub
```

④ DrowSnow 为绘制下雪的子程序

```
Sub DrawSnow()
    Dim i As Integer
    Dim newX As Integer
    Dim newy As Integer
    Tmr1.Enabled = False                            '关闭定时器
Do While bRUN
    For i = 0 To MAXP                               '在屏幕上显示第一屏雪花
        Me.PSet (Snow(i).oldX, Snow(i).oldY), vbBlack   '将原来的点的颜色变为黑色
        Me.PSet (Snow(i).X, Snow(i).Y)              '将现在的点的颜色变为白色
```

```
Next i
For i = 0 To MAXP
    Snow(i).oldX = Snow(i).X                    '把雪花的前一坐标存下
    Snow(i).oldY = Snow(i).Y

    newX = Snow(i).X + Int(2 * Rnd)             '定义新坐标并能控制下雪速度(加减随机
                                                '数使雪花的下落轨迹不是垂直的,使雪花
                                                '有飘动的感觉
    newX = newX - Int(2 * Rnd)
    If newX < 0 Then newX = 0                   '保证横坐标有效
    If newX >= Me.ScaleWidth Then newX = Me.ScaleWidth - 1
    newy = Snow(i).Y + 1
    If Me.Point(newX, newy) = vbBlack Then      '如果新坐标的颜色为黑色,则可以作为雪
                                                '花的坐标
        Snow(i).X = newX
        Snow(i).Y = newy
    Else
        If Snow(i).iStopped = 10 Then           '如果雪花停10次生成新的雪花
            If Me.Point(Snow(i).X + 1, Snow(i).Y + 1) = vbBlack Then
                Snow(i).X = Snow(i).X + 1
                Snow(i).Y = Snow(i).Y + 1
                Snow(i).iStopped = 0
            ElseIf Me.Point(Snow(i).X - 1, Snow(i).Y + 1) = vbBlack Then
                Snow(i).X = Snow(i).X - 1
                Snow(i).Y = Snow(i).Y + 1
                Snow(i).iStopped = 0
            Else
                newParticle(i)
            End If
        Else
            Snow(i).iStopped = Snow(i).iStopped + 1
        End If
    End If
    If (Snow(i).Y) >= Me.ScaleHeight Then
        newParticle(i)
```

```
            End If
        Next i
        DoEvents
Loop
End Sub
```

⑤ 初始化新的雪花数据元素子程序过程

```
Sub newParticle(i As Integer)
    Snow(i).X = CInt(Int(Me.ScaleWidth * Rnd))
    Snow(1).Y = 0
    Snow(i).oldX = 0
    Snow(i).oldY = 0
    Snow(i).iStopped = 0
End Sub
```

⑥ 窗体的 MouseDown 事件过程

```
Private Sub Form_MouseDown(Button As Integer, Shift As Integer, X As Single, Y As Single)
    Me.PSet (X, Y)
    bMOUSE_DOWN = True
    fMouseDown_X = X
    fMouseDown_Y = Y
End Sub
```

⑦ 窗体的 MouseMove 事件过程

```
Private Sub Form_MouseMove(Button As Integer, Shift As Integer, X As Single, Y As Single)
    If bMOUSE_DOWN Then
        Dim oldDW As Long
        Dim oldFC As Long
        oldDW = Me.DrawWidth
        oldFC = Me.ForeColor
        Me.DrawWidth = 3
        Me.ForeColor = vbRed
        Me.Line (fMouseDown_X, fMouseDown_Y)-(X, Y)
        fMouseDown_X = X
        fMouseDown_Y = Y
        Me.DrawWidth = oldDW
        Me.ForeColor = oldFC
    End If
```

End Sub

上面代码的功能为在窗体中按下鼠标并拖动时在窗体中绘制相应的线条。

⑧ 窗体的 MouseUp 事件过程

```
Private Sub Form_MouseUp(Button As Integer, Shift As Integer, X As Single, Y As Single)
    bMOUSE_DOWN = False
End Sub
```

⑨ 窗体的 QueryUnload 事件过程

```
Private Sub Form_QueryUnload(Cancel As Integer, UnloadMode As Integer)
    bRUN = False                                '关闭计时器
End Sub
```

QueryUnload 事件发生在窗体或应用程序关闭之前。本程序在关闭程序运行时要先关闭计时器的运行。

(3) 标准模块设计

标准模块(.bas)是应用程序内其他模块访问的过程和声明的容器。可以包含变量、常量、类型、外部过程和全局过程的全局(在整个应用程序范围内有效的)声明或模块级声明。写入标准模块的代码不比绑在特定的应用程序上,如果能够注意不用声明引用窗体和控件,则在许多不同的应用程序中可以重用标准模块。在本程序中需要引用一个标准模块,并在模块中创建一个多元素的自定义的数据类型。具体代码如下:

```
Type xParticle                              '自定义的数据类型
    X As Integer
    Y As Integer
    oldX As Integer
    oldY As Integer
    iStopped As Integer
End Type
```

在这个数据类型中总共包含 5 个元素。这 5 个元素分别用于描述雪花的当前显示坐标和已经显示的坐标,并且记录下雪花的停顿次数。在标准模块中还包含 MAXP 和 PSIZE 两个常量,以及定义了雪花的数量。

```
Global Const MAXP = 400                     '雪花的密度
Global Const PSIZE = 1                      '雪花的大小
Global Snow(0 To MAXP) As xParticle         '定义雪花的数量
```

4. 运行结果

运行结果如图 9.6 所示。

(a)

(b)

图 9.6 雪花飘场景图

案例 9.3 大学生竞选平台设计

大学生活是丰富多彩的,形形色色的活动是组成大学生活的一部分,本案例设计一个大学生竞选平台,对评选活动的报名信息和投票信息进行登记、管理,旨在使活动的开展便捷和高效,运行界面如图 9.7 所示。

图 9.7 大学生竞选平台启动窗体

9.3.1 设计要求

1. 建立参赛选手信息记录

每个记录包括编号、姓名、性别、年龄、专业、住址、电话、爱好、自我推荐信息和人气数,将所有参赛选手信息存入随机文件 regist.txt 中。

2. 报 名

单击图 9.7"报名"单选按钮,进入报名窗体,所有用于信息输入的空间不可用,如图 9.8(a)所示。

单击"报名"按钮,界面信息输入的空间可用,同时按钮的标题变为"保存",如图 9.8(b)所示。单击"保存"按钮,将用户个人信息(姓名、性别、年龄、专业、住址、电话、爱好、自我推荐信息)保存到随机文件 regist.txt 中,并自动生成选手编号,人气数初值值为 0,写入文件,照片保存到工程所在文件夹下的"照片"文件夹中,自动以选手编号命名,同时按钮的标题变为"报名"(考虑信息输入是否完整)。单击"人气查询"按钮,弹出输入框要求用户输入姓名,如果存在,以消息框提示人气数,如果不存在,提示没有报名。单击"返回"按钮可以返回到图 9.7 所示的初始界面。

3. 投 票

投票窗体的界面设计如图 9.9(a)所示。单击如图 9.7 所示启动窗体"投票"的单选按钮,进入投票窗体,界面默认显示第一个选手信息及当前人气数,在窗体底部以滚动的形式显示前

第 9 章 应用案例

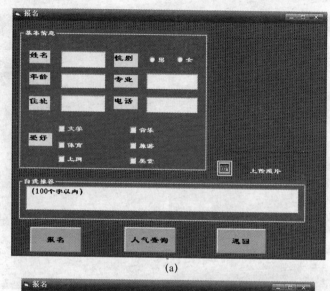

(a)

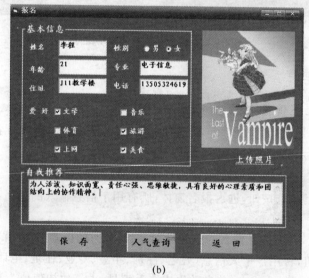

(b)

图 9.8 报名窗体

10 个选手的照片。如图 9.9(b)所示。分别单击"|＜＜"、"＜＜"、"＞＞"和"＞＞|"按钮,在界面上显示"第一条"、"前一条"、"后一条"、"最后一条"记录信息(提示:添加命令按钮组,以简化代码时下)。单击"投票"的按钮,为当前显示记录的人气数增 1。单击"票选结果"按钮,切换到"票选结果"窗体,显示排行榜。单击"返回"按钮,切换到图 9.7 所示启动界面。单击窗体底部滚动照片,窗体显示该选手的信息。

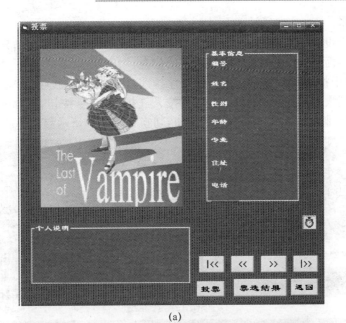

图 9.9 投票窗体设计图

第9章 应用案例

4. 票选结果

票选结果界面设计如图9.10(a)所示。单击9.7所示的"查看票选结果"单选按钮,进入"查看票选结果"界面,图片框中显示所有选手的信息,如图9.10(b)所示。单击"按编号排序"命令按钮,图片框中按用户编号从小到大的顺序排列显示。单击"按年龄排序"命令按钮,图片框中按年龄从小到大的顺序排列显示。单击"按人气排序"命令按钮,图片框中按用户的人气数从小到大的顺序排列显示。单击"返回"按钮,切换到图9.7所示启动界面。

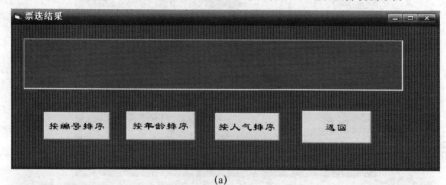

图 9.10 票选结果图

9.3.2 设计目的

巩固文本框、标签、命令按钮、单选按钮、计时器、复选框、图像框、图片框和控件数组等控件的使用。

9.3.3 设计步骤

1. 窗体设计

(1) 设计启动窗体界面

① 添加4个单选命令按钮控件数组元素和1个图像框设计启动窗体界面,如图9.7所示。

② 按表 9-6 设置属性。

表 9-6 启动窗体的属性设置

控件类型	属性名	属性值	说明
窗体	（名称）	frmLogin	窗体说明
	Caption	大学生竞选平台	窗体的标题
	BackColor	红色（&H000000FF&）	窗体的背景颜色
单选按钮控件数组	（名称）	optLogin	单选按钮名称
	Caption	报名、投票、查询票选结果、退出	单选按钮的标题
	Index	0、1、2、3	按钮在控件数组中的标识号
	BackColor	红色（&H000000FF&）	单选按钮的背景颜色
	ForeColor	白色（&H00FFFFFF&）	单选按钮字体的颜色
	Font	隶书、二号	字体设置
图像框	（名称）	imgTitle	图像框名称
	Stretch	true	图片适应图像框大小
	Picture	加载的图片	图像框中显示的图片

(2) 报名窗体界面

① 添加窗体。

② 在新窗体上添加两个框架、8 个标签、5 个文本框控件数组元素、1 个多行文本框、2 个单选按钮、6 个复选框、1 个图像框和 3 个命令按钮设计报名窗体界面，如图 9.8(a)所示。

③ 按表 9-7 设置属性。

表 9-7 报名窗体的属性设置

控件类型		属性名	属性值	说明
窗体		（名称）	frmRegist	窗体名称
		Caption	报 名	窗体的标题
		BackColor	红色（&H000000FF&）	窗体的背景颜色
		Font	楷体_GB2312,粗体,小四	字体设置
框架	框架1	Caption	fraInfo	框架的名称
		（名称）	基本信息	框架的标题
	框架2	Caption	fraRecom	框架的名称
		（名称）	自我推荐	框架的标题
		BackColor	红色（&H000000FF&）	框架的背景颜色
		ForeColor	白色（&H00FFFFFF&）	框架字体颜色设置

续表 9-7

控件类型	属性名	属性值	说 明
标签	（名称）	lblPic	标签名称
	Caption	上传照片	标签的标题
	BackStyle	0 - Transparent	标签的背景透明
	ForeColor	白色（&H00FFFFFF&）	标签的标题颜色
文本框控件数组	（名称）	txtInfo	文本框的名称
	Text	（空值）	文本框的内容
	Index	0、1、2、3、4	文本框在控件数组中的标识号
单选按钮控件数组	（名称）	OptSex	单选按钮的名称
	Caption	男、女	单选按钮的标题
	Index	0、1	按钮在控件数组中的标识号
	BackColor	红色（&H000000FF&）	单选按钮的背景颜色
	ForeColor	白色（&H00FFFFFF&）	单选按钮字体颜色设置
复选框	（名称）	ChkHobby	复选框名称
	Caption	文学、音乐、体育、旅游、上网、美食	复选框的标题
复选框控件数组	Index	0、1、2、3、4、5	复选框在控件数组中的标识号
	BackColor	红色（&H000000FF&）	复选框的背景颜色
	ForeColor	白色（&H00FFFFFF&）	复选框字体颜色设置
文本框	（名称）	TxtRecom	文本框名称
	text	（只限 100 字）	输入文本框内容
	Multiline	True	设置多行文本框
图像框	（名称）	ImgPic	图像框名称
	stretch	True	图片适应图像框大小
通用对话框	（名称）	DlgPic	文件列表框名称
命令按钮 命令按钮1	（名称）	CmdRegist	命令按钮的名称
	Caption	报 名	命令按钮的标题
命令按钮2	（名称）	CmdInquiry	命令按钮的名称
	Caption	人气查询	命令按钮的标题
命令按钮3	（名称）	cmdBack	命令按钮的名称
	Caption	返 回	命令按钮的标题
	style	1 - Graphical	设置按钮外观
	Backcolor	&H008080FF&	命令按钮的颜色设置

(3) 设计投票窗体界面

① 添加新窗体。

② 在新窗体上添加 1个图像框、2个框架、10个标签、8个标签控件数组、4个命令按钮控件数组元素、1个计数器、3个命令按钮和10个图像框控件数组元素设计投票窗体界面,如图9.9(a)所示。

③ 按表9-8设置属性。

表9-8 投票窗体的属性设置

控件类型		属性名	属性值	说 明
窗 体		(名称)	frmVote	窗体名称
		Caption	投票	窗体的标题
		BackColor	红色(&H000000FF&)	窗体的背景颜色
		Font	楷体_GB2312,粗体,小四	字体设置
图像框		(名称)	imgPic	图像框名称
		Stretch	True	图片适应图像框大小
框 架	框架1	Caption	fraInfo	框架的名称
		(名称)	基本信息	框架的标题
	框架2	Caption	fraRecom	框架的名称
		(名称)	个人说明	框架的标题
		BackColor	红色(&H000000FF&)	框架的背景颜色
		ForeColor	白色(&H00FFFFFF&)	框架字体颜色设置
标 签	标签1	(名称)	lblInfo	标签名称
		Caption	(空值)	标签的标题
	标签2	(名称)	lblVote	标签名称
		Caption	(空值)	标签的标题
		BackStyle	0 - Transparent	标签的背景透明
		ForeColor	白色(&H00FFFFFF&)	标签的标题颜色
标签控件数组		(名称)	lblInfo	标签名称
		Caption	(空值)	标签的标题
		BackStyle	0 - Transparent	标签的背景透明
		ForeColor	白色(&H00FFFFFF&)	标签的标题颜色
		Index	0 - 7	标签在控件数组中的标识号

续表 9-8

控件类型	属性名	属性值	说 明
命令按钮控件数组	(名称)	cmdNext	命令按钮的名称
	Caption	|<<,<<,>>,>>|	命令按钮的标题
	Style	1-Graphical	设置按钮外观
	BackStyle	&H008080FF&	命令按钮的颜色设置
	Index	0、1、2、3	按钮在控件数组中的标识号
命令按钮1	(名称)	cmdVote	命令按钮的名称
	Caption	投票	命令按钮的标题
命令按钮2	(名称)	cmdResult	命令按钮的名称
	Caption	票选结果	命令按钮的标题
命令按钮3	(名称)	cmdBack	命令按钮的名称
	Caption	返回	命令按钮的标题
	Style	1-Graphical	设置按钮外观
	BackStyle	&H008080FF&	命令按钮的颜色设置
计时器	(名称)	tmrPic	计时器的名称
	Interval	100	计时器的时间间隔
	Enabled	True	计时器是否有效
图像框控件数组	(名称)	imgPics	图像框名称
	Stretch	True	图片适应图像框大小
	Index	0~9	图像框在控件数组中的标识号

(4) 设计票选结果窗体界面

① 添加新窗体。

② 在新窗体上添加 1 个图片框、3 个命令按钮控件数组元素和 1 个命令按钮设计票选结果窗体,如图 9.10(a)所示。

③ 按表 9-9 设置属性。

表 9-9 票选结果窗体的属性设置

控件类型	属性名	属性值	说 明
窗体	(名称)	frmDisplay	窗体名称
	Caption	票选结果	窗体的标题
	BackColor	红色(&H000000FF&)	窗体的背景颜色
	Font	楷体_GB2312,粗体,小四	字体设置

续表 9-9

控件类型	属性名	属性值	说　明
图片框	（名称）	optLogin	单选按钮名称
	BackColor	红色（&H000000FF&）	单选按钮的背景颜色
	ForeColor	白色（&H00FFFFFF&）	单选按钮字体的颜色
命令按钮控件数组	（名称）	cmdSort	命令按钮的名称
	Caption	按序号排序、按年龄排序、按人气排序	命令按钮的标题
	Style	1 - Graphical	设置按钮外观
	BackStyle	&H008080FF&	命令按钮的颜色设置
	Index	0、1、2	按钮在控件数组中的标识号
命令按钮	（名称）	cmdBack	命令按钮的名称
	Caption	返回	命令按钮的标题
	Style	1 - Graphical	设置按钮外观
	BackStyle	&H008080FF&	命令按钮的颜色设置

2. 编写代码

（1）添加标准模块，定义参赛选手信息的记录类型

① 添加模块。执行"工程"菜单中的"添加模块"命令，在"属性敞口"中修改 module1 的（名称）属性为 mdlParti。

② 在标准模块中定义 Participant 记录类型。

```
Public Type Participant
    no As String * 5            '编号
    name As String * 6          '姓名
    sex As String * 2           '性别
    age As String * 2           '年龄
    major As String * 12        '专业
    addr As String * 30         '住址
    tel As String * 11          '电话
    hobby As String * 50        '爱好
    recom As String * 200       '自我推荐信息
    vote As Integer             '人气数
End Type
```

（2）编写登录窗体 frmLogin 的事件过程

① 编写窗体的 Activate 事件过程，让所有单选按钮都处于未选中状态，代码如下：

```
Private Sub Form_Activate()
    optLogin(0).Value = False
    optLogin(1).Value = False
    optLogin(2).Value = False
    optLogin(3).Value = False
End Sub
```

② 编写单选按钮控件数组 optLogin 的单击事件过程，代码如下：

```
Private Sub optLogin_Click(Index As Integer)
    Select Case Index
        Case 0: frmRegist.Show: frmLogin.Hide    '登录到报名窗体
        Case 1: frmVote.Show: frmLogin.Hide      '登录到投票窗体
        Case 2: frmDisplay.Show: frmLogin.Hide   '登录到票选结果显示窗体
        Case 3: End                              '结束应用程序
    End Select
End Sub
```

(3) 编写报名窗体 frmRegist 的事件过程

① 在窗体 frmRegist 的通用部分声明变量，代码如下：

```
Dim parti As Participant
Dim lastrecord As Integer
```

② 窗体的 Activate 和 Deactivate 实践过程。当报名窗体变为活动窗体时，需要打开保存报名信息的 regist.txt 随机文件，并且让报名窗体界面的所欲输入信息的控件不可用，代码如下：

```
Private Sub Form_Activate()
Open App.Path & "\regist.txt" For Random As #1 Len = Len(parti)   '打开文件
    lastrecord = LOF(1) / Len(parti)            '计算文件中记录数
    fraInfo.Enabled = False                     '设置基本信息框架不可用
    fraRecom.Enabled = False                    '设置自我推荐框架不可用
    lblPic.Enabled = False                      '设置上传图片标签不可用
End Sub
```

当报名窗体变为非活动窗体时，要关闭用于保存报名信息的文件。代码如下：

```
Private Sub Form_Deactivate()
    Close #1
End Sub
```

③ 编写单击"上传照片"标签的事件过程代码。用户通过通用对话框选择需要上传的照

片，加载到当前窗体的图像框 imgPic 中，并将其复制到指定的文件夹，按选手的编号重命名。代码如下：

```
Private Sub lblPic_Click()
    dlgPic.DialogTitle = "上传照片"            '设置通用对话框的标题
    dlgPic.ShowOpen
    imgPic.Picture = LoadPicture(dlgPic.FileName)
    FileCopy dlgPic.FileName, App.Path & "\照片\" & Str(lastrecord + 1) & ".jpg"
End Sub
```

④ 编写单击"报名"按钮的事件过程代码。如果 cmdRegist 按钮的当前标题是"报名"，则让窗体所有输入信息的控件可用，并修改它的 Caption 属性值为"保存"；如果按钮当前的 Caption 属性值为"保存"，检查输入信息是否完整，如果完整，保存用户的报名信息到 regist.txt 文件中，如果不完整，进行相应提示。代码如下：

```
Private Sub cmdRegist_Click()
    Dim hobby As String
    If cmdRegist.Caption = "报名" Then
        cmdRegist.Caption = "保存"
        fraInfo.Enabled = True
        fraRecom.Enabled = True
        lblPic.Enabled = True
    Else
        If txtInfo(0).Text <> "" And txtInfo(1).Text <> "" And txtInfo(2).Text <> "" And txtInfo(3).Text <> "" And txtInfo(4).Text <> "" And optSex(0).Value <> False Or optSex(1).Value <> False Then
            If imgPic.Picture = none Then           '如果没有上传照片
                MsgBox "请上传照片", "提示"
            Else
                cmdRegist.Caption = "报名"
                fraInfo.Enabled = False
                fraRecom.Enabled = False
                lblPic.Enabled = False
                With parti
                    .no = lastrecord + 1
                    .name = txtInfo(0).Text
                    If optSex(0).Value = True Then
                        .sex = "男"
                    Else
                        .sex = "女"
```

```
            End If
            .age = txtInfo(1).Text
            .major = txtInfo(2).Text
            .addr = txtInfo(3).Text
            .tel = txtInfo(4).Text
            For i = 0 To 5
                If chkHobby(i).Value = 1 Then
                    hobby = hobby & chkHobby(i).Caption & " "
                End If
            Next i
            .hobby = hobby
            .recom = txtRecom.Text
            .vote = 0                    '人气数初值置0
        End With
        lastrecord = lastrecord + 1
        Put #1, lastrecord, parti        '将报名信息写入文件
        For i = 0 To 4
            txtInfo(i).Text = ""
        Next i
        optSex(0).Value = False
        optSex(1).Value = False
        txtRecom.Text = "(只限100字)"
        For i = 0 To 5
            chkHobby(i).Value = 0
        Next i
        imgPic.Picture = LoadPicture("")
        End If
    Else
        MsgBox "请输入完整的信息", "信息不完整"
    End If
    End If
End Sub
```

⑤ 编写单击"人气查询"按钮的事件过程代码。用户通过输入框输入姓名,如果存在提示人气查询结果,如果不存在,提示没有报名。在这里定义函数过程实现读文件,查询结果的功能。代码如下:

```
Private Sub cmdInquiry_Click()
    Dim name As String
    name = InputBox("请输入您的姓名", "人气查询")
```

```
    If vote(name) <> "" Then
       MsgBox "恭喜您！目前有:" & vote(name)
    Else
       MsgBox "对不起！您还没有报名", 0 + 64, "人气查询结果"
    End If
End Sub
Private Function vote(name As String)
'读文件,查询姓名为 name 参赛选手的人气数
For i = 1 To lastrecord
   Get #1, i, parti
   If Trim(parti.name) = Trim(name) Then
      vote = parti.vote
      Exit For
   End If
Next i
End Function
```

⑥ 编写单击"返回"按钮的事件过程代码,代码如下:

```
Private Sub cmdBack_Click()
   frmRegist.Hide
   frmLogin.Show
End Sub
```

(4) 编写投票的事件过程

① 在窗体 frmVote 的通用声明部分定义变量,代码如下:

```
Dim patri As Participant
Dim lastrecord As Integer
Dim recon As Integer
Dim k As Integer
```

② 编写子程序过程代码 display(no As Integer)。

```
Private Sub display(no As Integer)        '读文件,显示编号为 no 选手的信息
   Get #1, no, parti
   With parti
      lblInfo(0).Caption = .no
      lblInfo(1).Caption = .name
      lblInfo(2).Caption = .sex
      lblInfo(3).Caption = .age
      lblInfo(4).Caption = .major
```

```
            lblInfo(5).Caption = .addr
            lblInfo(6).Caption = .tel
            lblInfo(7).Caption = .hobby
            imgPic.Picture = LoadPicture(App.Path & "\照片\" & Str(no) & ".jpg")
            lblVote.Caption = "人气数:" & .vot
        End With
        recon = no
    End Sub
```

③ 编写窗体的 Activate 和 Deactivate 事件过程代码。投票窗体学要读取 regist.txt 文件。显示报名信息，在窗体变为活动窗体事件发生时，打开晚间，显示第一条记录。在窗体底部要求滚动显示前 10 条报名信息的照片。窗体变为非活动窗体时，不安比文件。代码如下：

```
    Private Sub Form_Activate()
        Open App.Path & "\regist.txt" For Random As #1 Len = Len(parti)
        lastrecord = LOF(1) / Len(parti)
        If lastrecord <> 0 Then
          Call display(1)                          '存在记录，默认显示第一个选手的信息
          tmrPic.Enabled = True
         Else
          x = MsgBox("目前还没有参赛选手", vbOKOnly, "提示")
          tmrPic.Enabled = False
          frmVote.Hide
          frmLogin.Show
        End If
        k = 0
        For i = 1 To lastrecord                    '显示前10名报名信息的照片
          imgPics(k).Picture = LoadPicture(App.Path & "\照片\" & Str(no) & ".jpg")
          k = k + 1
          If k > 10 Then Exit For
        Next i
        k = k - 1
    End Sub
    Private Sub Form_Deactivate()
      Close #1
    End Sub
```

④ 编写计时器事件过程代码，代码如下：

```
    Private Sub tmrPic_Timer()
      If imgPics(k).Left + imgPics(k).Width < 0 Then
```

```
    '如果最后一张照片超过窗体左边界
      For i = 0 To k
        imgPics(i).Left = frmVote.Width + i * imgPics(0).Width
    '照片从窗体右边进入
      Next i
  Else
      For i = 0 To k
        imgPics(i).Left = imgPics(i).Left - 100
      Next i
  End If
  For i = k + 1 To 9
    imgPics(k).Enabled = False         '未加载图片的图像框不可用
  Next i
End Sub
```

⑤ 编写命令按钮控件数组 cmdNext 事件过程代码,实现记录翻动阅读,代码如下:

```
Private Sub cmdNext_Click(Index As Integer)
    Select Case Index
        Case 0: Call display(1)             '显示第一条记录
        Case 1
          If recno + 1 <= lastrecord Then
            Call display(recon + 1)         '现实相对于当前记录的下一条记录
          Else
            Call display(1)                 '当前记录是最后一条记录则显示第一条记录
          End If
        Case 2
          If recno - 1 >= 1 Then
            Call display(recon - 1)         '现实相对于当前记录的上一条记录
          Else
            Call display(lastrecord)        '当前记录是第一一条记录则显示最后一条记录
          End If
        Case 3: Call display(lastrecord)    '现实最后一条记录
End Sub
```

⑥ 编写单击窗体底部滚动照片查看信息的事件过程代码,代码如下:

```
Private Sub imgPics_Click(Index As Integer)
    calldisplay (Index + 1)
End Sub
```

⑦ 编写单击'投票"命令按钮的事件过程代码,为当前显示选手投票,代码如下:

```
Private Sub cmdVote_Click()
    For i = 1 To lastrecors
        Get #1, i, parti                            '读文件,将第i条记录读入parti记录变量中
        If Trim(parti.no) = Trim(lblInfo(0).Caption) Then
          ' 如果读取的是当前选手的信息
            recon = i
            parti.vote = parti.vote + 1             '人气数加1
            MsgBox "投票成功"
            Exit For
        End If
    Next i
    Put #1, recon, parti                            '将修改后的记录重新写入文件中指定记录位置
    lblVote.Caption = "人气数:" & .vote
End Sub
```

⑧ 编写单击"票选结果"按钮的事件过程代码,查看选手人气排行榜,代码如下:

```
Private Sub cmdResult_Click()
    frmDisplay.Show
    frmVote.Hide
End Sub
```

⑨ 编写单击"返回"按钮的事件过程代码,返回登录窗体,代码如下:

```
Private Sub cmdBack_Click()
    frmVote.Hide
    frmLogin.Show
End Sub
```

(5) 编写"票选结果"窗体 frmDisplay 的事件过程

① 在窗体的通用过程声明变量,代码如下:

```
Dim parti As Participant
Dim lastrecord As Integer
Dim carry() As String                               '定义动态数组
```

② 编写窗体的 Activate 和 Deactivate 事件过程代码。"票选结果"窗体变为活动窗体时,需要打开文件,显示所有选手信息;窗体变为非活动窗体时,关闭文件,代码如下:

```
Private Sub Form_Activate()
    Dim i As Integer
    Open App.Path & "\regist.txt" For Random As #1 Len = Len(parti)   '打开文件
    lastrecord = LOF(1) / Len(parti)
```

```
        picDisplay.Cls
        picDisplay.Print
        picDisplay.Print "";编号;" ,"; 姓名;","; 性别;",";年龄;",";人气;",";专业;""
        picDisplay.Print "_____"
        For i = 1 To lastrecord
            Get #1, i, parti
            picDisplay.Print parti.no, parti.name, parti.sex, parti.age, parti.vote, parti.major
        Next i
End Sub

Private Sub Form_Deactivate()
    Close #1
End Sub
```

③ 编写单击 cmdSort 命令按钮控件数组的事件过程代码,分别实现参赛选手"按编号排序"显示,"按年龄排序"显示,"按人气排序"显示的功能。要实现排序显示,首先要读选手的信息到数组中,然后进行排序。最后重新将排序的结果显示在图片框中。过程相对复杂,放在一个过程中实现,相对冗长,最后的解决办法就是将整个过程划分为文件到数组,数组元素排序和对排序结果显示到图片框三个子过程来实现。代码如下:

```
Private Sub cmdSort_Click(Index As Integer)
    Dim n As Integer
    n = LOF(1) / Len(parti)
    If n = 0 Then
        MsgBox "no customer in the file"
    Else
        ReDim carry(1 To n, 5)                    '重新定义二维数组
        Call ReaData(carry(), n)
        Select Case Index
            Case 0: Call DortData(carry(), n, 0)
            Case 1: Call DortData(carry(), n, 3)
            Case 2: Call DortData(carry(), n, 4)
        End Select
Call ShowData(carry(), n)
End If
End Sub
Private Sub ReaData(carry() As String, n As Integer)
'读文件的记录指定字段信息到二维数组
Dim i As Integer
For i = 1 To n
```

第9章 应用案例

```vb
        Get #1, i, parti
        carry(i, 0) = parti.no
        carry(i, 1) = parti.name
        carry(i, 2) = parti.sex
        carry(i, 3) = parti.age
        carry(i, 4) = parti.vote
        carry(i, 5) = parti.major
    Next i
End Sub
Private Sub SortData(carry() As String, n As Integer, Index As Integer)
'实现二维数组元素按指定字段排序
Dim passNum As Integer, i As Integer
For passNum = 1 To n - 1                    '冒泡排序
    For i = 1 To n - passNum
       If carry(i, Index) > carry(i + 1, Index) Then
           Call SwapData(carry(), i)        '调用数据交换子程序
       End If
    Next i
Next passNum
End Sub
Private Sub SwapData(carry() As String, i As Integer)
Dim ctemp As String
For j = 0 To 5
   ctemp = carry(i, j)
   carry(i, j) = carry(i + 1, j)
   carry(i + 1, j) = ctemp
Next j
End Sub
Private Sub ShowData(carry() As String, n As Integer)
'将排序结果重新显示到图片框
Dim i As Integer
picDisplay.Cls
   picDisplay.Print
   picDisplay.Print " 编号 "," 姓名"," 性别 ","年龄","人气","专业 "
   picDisplay.Print "_____"
   For i = 1 To n
   For j = 0 To 5
      picDisplay.Print carry(i, j)
   Next j
```

```
    picDisplay.Print
  Next i
End Sub
```

④ 编写单击"返回"按钮的事件过程代码,代码如下:

```
Private Sub cmdBack_Click()
  frmDisplay.Hide
  frmLogin.Show
End Sub
```

案例 9.4 俄罗斯方块

前面三个案例详细地叙述了设计 VB 应用程序的步骤,下面的案例 9.4、案例 9.5 将主要的设计思路简单介绍一下,然后给出程序,希望读者自己去详细实现。

罗斯方块是比较常见的一种游戏,在这个游戏中,方块自身的改变和它的下落运动都是动画效果。下面的程序将实现这两种动画,完成俄罗斯方块游戏的制作。图 9.11 为俄罗斯方块的界面设计图。

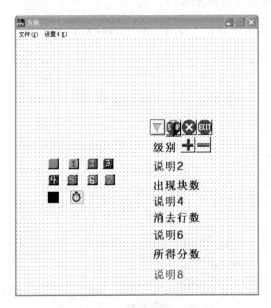

图 9.11 方块界面设计图

本程序主要利用 Timer 控件和 Image 控件来实现,利用 Timer 控件控制方块自身形状的改变和运动,使用 Image 控件组合出方块的形状。界面设计如图 9.12 所示。

第 9 章　应用案例

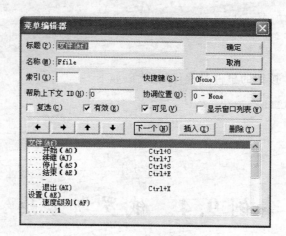

图 9.12　菜单界面设计图

最后在窗体的代码窗口中添加程序代码。

首先定义全局变量,代码如下:

```
Dim X(5), Y(5), YesNot, IfEnd, MOany, sTo, jB, ToTo
Dim E( -1 To 11, -1 To 21), A, B, Nuex, C, Pog
```

俄罗斯方块游戏进行时,主要使用键盘操作方块的旋转和下落,其处理代码为:

```
Private Sub Form_KeyDown(KeyCode As Integer, Shift As Integer)
    If KeyCode = 13 Then OPE_Click
    If KeyCode = 27 Then ENDG_Click
    Dim eE
    If Pog = 1 Then
    For i = 1 To 4
        If Y(i) > 0 Then
Form1.PaintPicture Image2.Picture, (X(i) - 1) * Image2.Width + 400, (Y(i) - 1) * Image2.Height + 400
        End If
    Next i
    eE = 0
    If KeyCode = vbKeyLeft Then
    For i = 1 To 4
        X(i) = X(i) - 1
        If X(i) < 1 Or E(X(i), Y(i)) <> 0 Then eE = 1
    Next                              '如果方块左边有方块或到窗口的左边就能向左
    If eE = 1 Then
```

```
    For i = 1 To 4
    X(i) = X(i) + 1
    Next
    End If
End If
If KeyCode = vbKeyRight Then
        For i = 1 To 4
    X(i) = X(i) + 1
    If X(i) > 10 Or E(X(i), Y(i)) <> 0 Then eE = 1
    Next                            '如果方块右边有方块或..不能向右移动
    If eE = 1 Then
    For i = 1 To 4
    X(i) = X(i) - 1
    Next
    End If
End If
If KeyCode = vbKeyDown Then
    If Nuex = 1 Then                '如果方块是停止的,
    Nuex = 2                        '方块立即退出当前方块
    Timer1_Timer
    Exit Sub
    End If
    For i = 1 To 4
    If Y(i) > 19 Or E(X(i), Y(i) + 1) <> 0 Then
    eE = 1                          '如果下面有方块或...设定为停止的方块
    Nuex = 1
    End If
    Next                            '如果方块不是停止的方块就向下运动
    If eE = 0 Then
    For i = 1 To 4
    Y(i) = Y(i) + 1
    Next
    End If
End If
If KeyCode = vbKeyUp Then
    Selifh2 (B)
    End If
    For i = 1 To 4
        If Y(i) > 0 Then
```

第 9 章　应用案例

```
                    Form1.PaintPicture Image1(B).Picture, (X(i) - 1) * Image2.Width + 400, (Y(i)
- 1) * Image2.Height + 400
            End If
        Next
    End If
End Sub
```

添加各菜单的事件处理代码：

```
Private Sub ENDG_Click()
    SHOP.Enabled = False
    Gotog.Enabled = False
    Timer1.Enabled = False
    Image7.Visible = False
    Image7.Enabled = False
    Image4.Enabled = False
    Image4.Visible = False
    Image8.Visible = False
    Image8.Enabled = False
    Call LI
    Call LiN
    Nuex = 0
    YesNot = 0
    sTo = 0
    MOany = 0
    ToTo = 0
    PrI
    For i = 1 To 10
    For u = 1 To 20
    E(i, u) = 0
    Next
    Next
    For i = 1 To 4
    X(i) = 0
    Y(i) = 0
    Next
    Pog = 0
    ENDG.Enabled = False
End Sub
Private Sub Exite_Click()
    Unload Me
```

```
End Sub
Sub Selifh2(B)
    '方块变换状态程序
    '按向上方向键
    '*******************************
    '在X(2)在1和10中方块可变化
    If X(2) > 1 And X(2) < 10 And Y(2) < 20 Then
        For i = -1 To 1
            For u = 1 To 1
                If E(X(2) + i, Y(2) + u) > 0 Then eE = 1
            Next
        Next
    Else                                        '当方块在边界时设定为不能变化
        eE = 1
    End If                                      '在方块周围没有方块才变化
    If eE = 0 Then
    A = A + 1                                   '状态变量增加1
    If A > 4 Then A = 1
    If B = 1 Then                               '方块是第1种
    Select Case A
    Case 1                                      '状态是1时
        X(1) = X(2) - 1
        Y(1) = Y(2)
        X(3) = X(2) + 1
        X(4) = X(2) + 1
        Y(3) = Y(2)
        Y(4) = Y(2) - 1
    Case 2
        X(1) = X(2)
        Y(1) = Y(2) + 1
        X(3) = X(2)
        Y(3) = Y(2) - 1
        X(4) = X(2) - 1
        Y(4) = Y(2) - 1
    Case 3
        X(1) = X(2) + 1
        X(3) = X(2) - 1
        Y(1) = Y(2)
        Y(3) = Y(2)
        X(4) = X(2) - 1
```

```
            Y(4) = Y(2) + 1
    Case 4
            X(1) = X(2)
            Y(1) = Y(2) - 1
            X(3) = X(2)
            Y(3) = Y(2) + 1
            X(4) = X(2) + 1
            Y(4) = Y(2) + 1
    End Select
End If
'******************************
If B = 3 Then                           '方块是第三种状态
Select Case A
    Case 1
            X(1) = X(2) - 1
            Y(1) = Y(2)
            Y(3) = Y(2)
            X(3) = X(2) + 1
            X(4) = X(2)
            Y(4) = Y(2) - 1
    Case 2
            For i = 1 To 3
                X(i) = X(2)
            Next
            Y(1) = Y(2) + 1
            Y(3) = Y(2) - 1
            X(4) = X(2) - 1
            Y(4) = Y(2)
    Case 3
            For i = 1 To 3
                Y(i) = Y(2)
            Next
            X(1) = X(2) + 1
            X(3) = X(2) - 1
            X(4) = X(2)
            Y(4) = Y(2) + 1
    Case 4
            For i = 1 To 3
                X(i) = X(2)
            Next
```

```
            Y(1) = Y(2) - 1
            Y(3) = Y(2) + 1
            X(4) = X(2) + 1
            Y(4) = Y(2)
    End Select
End If
'******************************
If B = 4 Then                            '第四种方块
Select Case A
Case 1
            X(1) = X(2)
            X(3) = X(2) + 1
            X(4) = X(2) + 1
            Y(1) = Y(2) - 1
            Y(3) = Y(2)
            Y(4) = Y(2) + 1
Case 2
            X(1) = X(2) - 1
            X(3) = X(2)
            X(4) = X(2) + 1
            Y(1) = Y(2)
            Y(3) = Y(2) - 1
            Y(4) = Y(2) - 1
Case 3
            X(1) = X(2)
            X(3) = X(2) - 1
            X(4) = X(2) - 1
            Y(1) = Y(2) + 1
            Y(3) = Y(2)
            Y(4) = Y(2) - 1
Case 4
            X(1) = X(2) + 1
            X(3) = X(2)
            X(4) = X(2) - 1
            Y(1) = Y(2)
            Y(3) = Y(2) + 1
            Y(4) = Y(2) + 1
End Select
End If
'******************************
```

```
If B = 5 Then                            '第五种方块
Select Case A
Case 1
    X(1) = X(2)
    X(3) = X(2) + 1
    Y(1) = Y(2) + 1
    Y(3) = Y(2)
    Y(4) = Y(2) - 1
    X(4) = X(2) + 1
Case 2
    X(1) = X(2) + 1
    X(3) = X(2)
    X(4) = X(2) - 1
    Y(1) = Y(2)
    Y(3) = Y(2) - 1
    Y(4) = Y(2) - 1
Case 3
    X(1) = X(2)
    X(3) = X(2) - 1
    Y(1) = Y(2) - 1
    Y(3) = Y(2)
    Y(4) = Y(2) + 1
    X(4) = X(2) - 1
Case 4
    X(1) = X(2) - 1
    X(3) = X(2)
    X(4) = X(2) + 1
    Y(1) = Y(2)
    Y(3) = Y(2) + 1
    Y(4) = Y(2) + 1
End Select
End If
If B = 7 Then                            '第七种方块
Select Case A
Case 1
    X(1) = X(2) - 1
    X(3) = X(2) + 1
    X(4) = X(2) - 1
    Y(1) = Y(2)
    Y(3) = Y(2)
```

```
            Y(4) = Y(2) - 1
Case 2
            X(1) = X(2)
            X(3) = X(2)
            Y(1) = Y(2) + 1
            Y(3) = Y(2) - 1
            X(4) = X(2) - 1
            Y(4) = Y(2) + 1
Case 3
            X(1) = X(2) + 1
            X(3) = X(2) - 1
            Y(1) = Y(2)
            Y(3) = Y(2)
            X(4) = X(2) + 1
            Y(4) = Y(2) + 1
Case 4
            X(1) = X(2)
            X(3) = X(2)
            Y(1) = Y(2) - 1
            Y(3) = Y(2) + 1
            X(4) = X(2) + 1
            Y(4) = Y(2) - 1
End Select
End If
End If                                    '结束 13457 种方块的变换选择
'第二种方块的变换方式
If X(2) > 1 And X(2) < 9 Then
   For i = -1 To 2                        '方块周围的方块分布
      For u = -2 To 1
         If E(X(2) + i, Y(2) + u) > 0 Then eE = 1
      Next
   Next
Else
   eE = 1
End If
If eE = 0 Then
If B = 2 Then
Select Case A
Case 1, 3
      X(1) = X(2) - 1
```

第 9 章　应用案例

```vb
            X(3) = X(2) + 1
            X(4) = X(2) + 2
            For i = 1 To 4
                Y(i) = Y(2)
            Next
        Case 2, 4
            For i = 1 To 4
                X(i) = X(2)
            Next
            Y(1) = Y(2) + 1
            Y(3) = Y(2) - 1
            Y(4) = Y(2) - 2
        End Select
    End If
    End If                                          '结束第 2 种方块变换
End Sub
Private Sub Gotog_Click()
    Pog = 1
    Timer1.Enabled = True
    SHOP.Enabled = True
    Gotog.Enabled = False
    Image8.Visible = False
    Image8.Enabled = False
    Image4.Enabled = True
    Image4.Visible = True
End Sub
Private Sub Image3_Click()
    OPE_Click
End Sub
Private Sub Image4_Click()
    SHOP_Click
End Sub

Private Sub Image5_Click()
    If jB < 40 Then
        jB = jB + 1
    End If
    If jB > 1 Then
        Image6.Enabled = True
        Image6.Visible = True
```

```
            减.Enabled = True
            减.Visible = True
        Else
            Image6.Enabled = False
            Image6.Visible = False
            减.Enabled = False
            减.Visible = False
        End If
        If jB < 40 Then
            Image5.Enabled = True
            Image5.Visible = True
            加.Enabled = True
            加.Visible = True
        Else
            Image5.Visible = False
            Image5.Enabled = False
            加.Enabled = False
            加.Visible = False
        End If
        ENDG_Click
End Sub

Private Sub Image6_Click()
        If jB > 1 Then
            jB = jB - 1
        End If
        If jB > 1 Then
            Image6.Enabled = True
            Image6.Visible = True
            减.Enabled = True
            减.Visible = True
        Else
            Image6.Enabled = False
            Image6.Visible = False
            减.Enabled = False
            减.Visible = False
        End If
        If jB < 40 Then
            Image5.Enabled = True
            Image5.Visible = True
```

第9章 应用案例

```
            加.Enabled = True
            加.Visible = True
        Else
            Image5.Visible = False
            Image5.Enabled = False
            加.Enabled = False
            加.Visible = False
        End If
        ENDG_Click
        PrI
End Sub

Private Sub Image7_Click()
    ENDG_Click
End Sub

Private Sub Image8_Click()
    Gotog_Click
End Sub

Private Sub Image9_Click()
    ENDG_Click
End Sub

Private Sub OnE_Click(Index As Integer)
    For i = 0 To 6
        OnE(i).Checked = False
    Next
    OnE(Index).Checked = True
    ENDG_Click
    jB = Index * 5
    If jB = 0 Then jB = 1
    Image5_Click
    Image6_Click
    PrI
End Sub
Private Sub OPE_Click()
    Call LI
    C = Int(Rnd * 7) + 1
    X(2) = 14
```

```
        Y(2) = 3
        Sel1 (C)

        Call LiN
        B = Int(Rnd * 7) + 1
        X(2) = 5
        Y(2) = 1

        A = 1
        Sel1 (B)
        Nuex = 0
        YesNot = 0

        sTo = 0
        MOany = 0
        ToTo = 1
        PrI
        For i = 1 To 10
            For u = 1 To 20
                E(i, u) = 0
            Next
        Next
        Pog = 1
        Image4.Enabled = True
        Image4.Visible = True
        Image7.Visible = True
        Image7.Enabled = True
        Image8.Visible = False
        Image8.Enabled = False

        Gotog.Enabled = False
        ENDG.Enabled = True
        SHOP.Enabled = True
        Timer1.Enabled = True
End Sub

Private Sub SHOP_Click()
    Pog = 0
    Timer1.Enabled = False
    Gotog.Enabled = True
```

第 9 章　应用案例

```vb
            SHOP.Enabled = False
            Image4.Enabled = False
            Image4.Visible = False
            Image8.Visible = True
            Image8.Enabled = True
        End Sub
        Private Sub Timer1_Timer()
            '如果方块停止向下就保存方块位置
            Timer1.Interval = 800 - jB * 20
            
            If Nuex > 0 Then
                Nuex = 0    '环止前面方块停止下落,但是方块到了可以下落的地方又停下不能下落
                For i = 1 To 4
                    '如果方块真的无法向下时保存结束当前窗口方块运动
                    '否而方块继续运动   ,方块在停止的时候到了可以下落的地方不保存结果
                    If E(X(i), Y(i) + 1) <> 0 Or Y(i) > 19 Then
                        For u = 1 To 4
                            '保存位置
                            E(X(u), Y(u)) = B
                        Next
                        '结束当前方块
                        YesNot = 1
                        Exit For
                        '结束保存位置
                    End If
                Next '结束四小块方块的判断
            End If '结束停止向下的判断
        Nex (B)
            If YesNot = 1 Then
                Call EndSel
                MOany = MOany + 50
                B = C
                C = Int(Rnd * 7) + 1
                X(2) = 14
                Y(2) = 3
                Form1.Line (400 + Image2.Width * 10 + 400, 400)-Step(Image2.Width * 5, Image2.Height * 5), , BF
                Sel1 (C)
                ToTo = ToTo + 1
                X(2) = 5
```

```
            Y(2) = 1
            A = 1
            Nuex = 0
            YesNot = 0
            Sel1 (B)
            PrI
        End If
    End Sub
    Sub Nex(B)
        '输入命令循环结束向下运动程序
        '如果方块中的一块下面有方块就设定为停止
        For i = 1 To 4
            '只有 Y(I)+1>0 才计算 环止 E(1,-1)出现这样的错误
            If Y(i) + 1 > 0 Then
                If Y(i) > 19 Or E(X(i), Y(i) + 1) <> 0 Then
                    Nuex = 1
                End If
            End If
        Next
        If Nuex = 0 Then    '当方块不是停止时运行下面程序向下落
            For i = 1 To 4    '每块方块纵坐标加 1
                '只有方块在窗口中才有向下落
                If Y(i) > 0 Then    '擦掉在窗中的方块
                    Form1.PaintPicture Image2.Picture, (X(i) - 1) * Image2.Width + 400,
(Y(i) - 1) * Image2.Height + 400
                End If
                Y(i) = Y(i) + 1    '纵坐标加 1
            Next
        End If                            '结束判断和下落
        For i = 1 To 4                    '画方块
            If Y(i) > 0 Then
                Form1.PaintPicture Image1(B).Picture, (X(i) - 1) * Image2.Width + 400, (Y(i)
- 1) * Image2.Height + 400
            End If
        Next
    End Sub
    Sub EndSel()
        Dim eE, Te
        '方块运动后判断程序
        '检查窗口中方块分布的样子
```

第9章 应用案例

```
For i = 1 To 20
    eE = 1
    For u = 1 To 10
        '如果 U 行中有一个位置是空的,否则删除这行
        If E(u, i) = 0 Then eE = 0
    Next
    '如果没有空的进行删除循环
    If eE <> 0 Then
        '计算删除的总行数
        sTo = sTo + 1
        '如果删除总行数跳出 20 时级别上升一级
        If sTo > 20 Then
            sTo = 1
            jB = jB + 1
        End If
        '计算积分
        MOany = MOany + 100
        '计算当前方块所删除总行数
        Te = Te + 1
        '把删除行数上面的保存的位置的数值向下代替
        For u = i To 1 Step -1           '从删除行数开始
            For o = 1 To 10              '让上行的数值代替
                E(o, u) = E(o, u - 1)
            Next
        Next                             '结束代替
        '擦掉窗口
        Line (400, 400)-Step(Image2.Width * 10, Image2.Height * 20), , BF

    End If                               '结束删除
Next                                     '结束窗口检查
'当前方块删除行跳出 1 行时加总分
If Te > 0 Then MOany = MOany + (Te - 1) * 100
'把擦掉的窗口按保存的位置画小方块
For i = 1 To 10
    For u = 1 To 20
        If E(i, u) <> 0 Then
            If u > 0 Then
                Form1.PaintPicture Image1(E(i, u)).Picture, (i - 1) * Image2.Width + 400, (u - 1) * Image2.Height + 400
            End If
```

```
            End If
        Next
    Next
    For i = 1 To 4
        For u = 1 To 4
            If Y(i) <= 1 Then                   '当方块在窗口上方停下
                IfEnd = 1                       '游戏结束
                SHOP_Click
                Gotog.Enabled = False
                ENDG.Enabled = False
            End If
        Next
    Next
End Sub
Sub PrI()
    Label2.Caption = jB
    Label4.Caption = ToTo
    Label6.Caption = sTo
    Label8.Caption = MOany
End Sub
Sub LiN()
'画方块下落的窗体镜面
    Line (400, 400)-Step(Image2.Width * 10, Image2.Height * 20), , BF
    Line (385, 385)-Step(Image2.Width * 10 + 20, Image2.Height * 20 + 20), QBColor(15), B
    Line (385, 385)-Step(0, Image2.Height * 20 + 20), QBColor(8)
    Line (385, 385)-Step(Image2.Width * 10 + 20, 0), QBColor(8)
    Line (350, 350)-Step(Image2.Width * 10 + 100, Image2.Height * 20 + 100), , B
    Line (320, 320)-Step(Image2.Width * 10 + 160, Image2.Height * 20 + 160), QBColor(15), B
    Line (350, 350)-Step(Image2.Width * 10 + 100, 0), QBColor(15)
    Line (350, 350)-Step(0, Image2.Height * 20 + 100), QBColor(15)
    Line (320, 320)-Step(Image2.Width * 10 + 160, 0)
    Line (320, 320)-Step(0, Image2.Height * 20 + 160)
'******画小窗体预览窗体
    Line (50, 50)-(Form1.ScaleWidth - 50, Form1.ScaleHeight - 50), QBColor(15), B
    Line (50, 50)-(50, Form1.ScaleHeight - 50)
    Line (50, 50)-(Form1.ScaleWidth - 50, 50)
    Line (70, 70)-(Form1.ScaleWidth - 70, Form1.ScaleHeight - 70), , B
    Line (70, 70)-(Form1.ScaleWidth - 60, 70), QBColor(15)
    Line (70, 70)-(70, Form1.ScaleHeight - 60), QBColor(15)
End Sub
```

第9章 应用案例

```
Sub LI()
    Form1.Line (400 + Image2.Width * 10 + 400, 400)-Step(Image2.Width * 5, Image2.Height * 5), , BF
    Form1.Line (400 + Image2.Width * 10 + 400, 400)-Step(Image2.Width * 5, Image2.Height * 5), QBColor(15), B
    Form1.Line (400 + Image2.Width * 10 + 400, 400)-Step(0, Image2.Height * 5)
    Form1.Line (400 + Image2.Width * 10 + 400, 400)-Step(Image2.Width * 5, 0)
    Form1.Line (350 + Image2.Width * 10 + 400, 350)-Step(Image2.Width * 5 + 100, Image2.Height * 5 + 100), , B
    Form1.Line (350 + Image2.Width * 10 + 400, 350)-Step(Image2.Width * 5 + 100, 0), QBColor(15)
    Form1.Line (350 + Image2.Width * 10 + 400, 350)-Step(0, Image2.Height * 5 + 100), QBColor(15)
    Form1.Line (320 + Image2.Width * 10 + 400, 320)-Step(Image2.Width * 5 + 150, Image2.Height * 5 + 150), QBColor(15), B
    Form1.Line (320 + Image2.Width * 10 + 400, 320)-Step(Image2.Width * 5 + 140, 0)
    Form1.Line (320 + Image2.Width * 10 + 400, 320)-Step(0, Image2.Height * 5 + 140)
End Sub
```

最后添加窗体预处理代码：

```
Private Sub Form_Load()
    jB = 1
    Call PrI
    Randomize
    Show
    Form1.Top = 0
    Call LiN
    Call LI
    
    Pog = 0
End Sub
Sub Sel1(D)
Select Case D
Case 1
    X(1) = X(2) - 1
    Y(1) = Y(2)
    X(3) = X(2) + 1
    X(4) = X(2) + 1
```

```
            Y(3) = Y(2)
            Y(4) = Y(2) - 1
        Case 2
            X(1) = X(2) - 1
            X(3) = X(2) + 1
            X(4) = X(2) + 2
            For i = 1 To 4
            Y(i) = Y(2)
            Next
        Case 3
            X(1) = X(2) - 1
            For i = 1 To 3
            Y(i) = Y(2)
            Next
            X(3) = X(2) + 1
            X(4) = X(2)
            Y(4) = Y(2) - 1
        Case 4
            X(1) = X(2)
            X(3) = X(2) + 1
            X(4) = X(2) + 1
            Y(1) = Y(2) - 1
            Y(3) = Y(2)
            Y(4) = Y(2) + 1
        Case 5
            X(1) = X(2)
            X(3) = X(2) + 1
            Y(1) = Y(2) + 1
            Y(3) = Y(2)
            Y(4) = Y(2) - 1
            X(4) = X(2) + 1
        Case 6
            X(1) = X(2)
            X(3) = X(2) + 1
            X(4) = X(2) + 1
            Y(1) = Y(2) - 1
            Y(3) = Y(2)
            Y(4) = Y(2) - 1
        Case 7
```

```
            X(1) = X(2) - 1
            X(3) = X(2) + 1
            X(4) = X(2) - 1
            Y(1) = Y(2)
            Y(3) = Y(2)
            Y(4) = Y(2) - 1
        End Select
        For i = 1 To 4
            If Y(i) > 0 Then
                Form1.PaintPicture Image1(D).Picture, (X(i) - 1) * Image2.Width + 400, (Y(i) - 1) * Image2.Height + 400
            End If
        Next
End Sub
Private Sub Form_Paint()
    Dim xX(4), Yy(4)
    Call LiN
    Call LI

    For i = 1 To 10
      For u = 1 To 20
        If E(i, u) <> 0 Then
        If u > 0 Then
                Form1.PaintPicture Image1(E(i, u)).Picture, (i - 1) * Image2.Width + 400, (u - 1) * Image2.Height + 400
            End If
        End If
      Next
    Next
    For i = 1 To 4                        '画方块
        If Y(i) > 0 Then
                Form1.PaintPicture Image1(B).Picture, (X(i) - 1) * Image2.Width + 400, (Y(i) - 1) * Image2.Height + 400
            End If
    Next
    For i = 1 To 4
        xX(i) = X(i)
        Yy(i) = Y(i)
    Next
```

```
If X(2) > 0 Then
    X(2) = 14
    Y(2) = 3
    Sel1 (C)
End If
For i = 1 To 4
    X(i) = xX(i)
    Y(i) = Yy(i)
Next

End Sub
```

程序运行结果如图 9.13 所示。

图 9.13 俄罗斯方块游戏运行图

运行游戏程序以后，使用左、右方向键移动方块位置，向上方向键改变方向形状，可以设置游戏级别，最高为 30 级。

案例 9.5　随机分形树的形成

编写代码如下：

```vb
Const max_rn = 20
Const anz_ln = 25
Const pi = 3.1415926435

Dim  axiom  As  String              '公理
Dim  a(anz_ln) As String            '被替换字符
Dim  x(anz_ln) As String            '替换字符串

Dim ke_en As String                 '生成字符串
Dim ke_lt As String                 '生成字符串

Dim abc(anz_ln) As String           '每次替换的字符串
Dim delta As Single                 '生成角度

Dim xpos(max_rn) As Single          '节点 x 坐标
Dim ypos(max_rn) As Single          '节点 y 坐标
Dim delt(max_rn) As Single          '节点方向角

Dim kl_er As Integer                '字符串中字符的位置
Dim n As Integer                    '字符串替换次数

Dim i As Long
Dim j As Integer                    '替换减少
Private Sub command2_click()
Picture1.Cls
n = n - 1
If n < 1 Then n = 1
ke_en = abc(n - 1)
Text1.Text = ke_en
Call lsystem
If n = 1 Then ke_en = axiom
End Sub                             '退出
```

```vb
Private Sub command3_click()
End
End Sub
'字符串初始信息
Private Sub form_load()
    axiom = "F"
    a(0) = "F"
x(0) = "F[+F]F[-F]F"
a(1) = "F"
x(1) = "F[+F]F[-F[+F]]"
a(2) = "F"
x(2) = "FF-[-F+F+F]+[+F-F-F]"
delta = 30
    ke_en = axiom
delta = 22
    ke_en = axiom
    n = 1
End Sub
'字符串替换过程,替换增加
Private Sub command1_click()
Randomize Time
ke_lt = ke_en
ke_en = ""
    For i = 1 To Len(ke_lt)
        p = Rnd
    Select Case p
            Case Is <= 0.3
            j = 0
            Case Is <= 0.6
            j = 1
            Case Else
            j = 2
    End Select
    If a(j) = Mid(ke_lt, i, 1) Then
            ke_en = ke_en & x(j)
```

```vb
                GoTo 1
        End If
                ke_en = ke_en & Mid(ke_lt, i, 1)
1   Next i


        abc(n) = ke_en
        Text1.Text = ke_en
        Picture1.Cls
        Call lsystem
        n = n + 1
End Sub


'字符串中字符的作用
Private Sub lsystem()
    xpos(0) = 0
    ypos(0) = 0
    delt(0) = 0
    For i = 1 To Len(ke_en)
        Select Case Mid(ke_en, i, 1)
        Case "["
            kl_er = kl_er + 1
            xpos(kl_er) = xpos(kl_er - 1)
            ypos(kl_er) = ypos(kl_er - 1)
            delt(kl_er) = delt(kl_er - 1)
        Case "]"
            kl_er = kl_er - 1
        Case " + "
            delt(kl_er) = delt(kl_er) + delta * pi / 180
        Case " - "
            delt(kl_er) = delt(kl_er) - delta * pi / 180
        Case "F"
            Picture1.PSet (5000 + xpos(kl_er), 7000 - ypos(kl_er)), RGB(0, 0, 0)
            xpos(kl_er) = xpos(kl_er) + Sin(delt(kl_er)) * 60
            ypos(kl_er) = ypos(kl_er) + Cos(delt(kl_er)) * 60
            Picture1.Line -(5000 + xpos(kl_er), 7000 - ypos(kl_er)), RGB(0, 0, 0)
        End Select
```

```
    Next i
End Sub
```

运行结果如图 9.14 所示。

图 9.14 运行结果图

第 10 章 Visual Basic 应用系统开发及集成

【本章教学目的与要求】
- 熟悉封面的制作
- 掌握系统的打包
- 实现系统打包与安装的方法和步骤

【本章知识结构】
图 10.0 为 Visual Basic 应用系统开发及集成的基本知识,以便读者对 VB 应用系统开发及集成有一个深入了解。

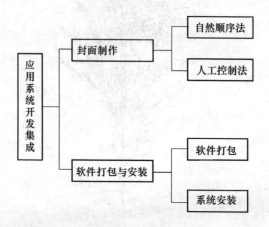

图 10.0 Visual Basic 应用系统开发及集成的知识结构

引 言

在掌握了 Visual Basic6.0 程序设计语言的基本知识、基本技能及系统案例开发后最后就应该进行怎样美化系统及安装系统等,交给客户一份满意的答卷。本章主要讲述系统封面制作、打包、及安装等内容。

10.1 应用系统封面的制作

前述章节,尽管学习了 Visual Basic6.0 的许多基本知识、基本技能。但不难发现,在学习的内容和引入的一些案例中,是顺序渐进地进行讲解的。事实上,系统运行时,往往总是从封面开始,然后进入主题系统。这就要求我们首先要制作一个封面,在封面制作过程中,不仅需要我们掌握一定的技术,还需要一定的美工能力,这样做出的封面才漂亮。事实上,封面就是一个窗体。我们可以在窗体上添加一些 VB 的常用控件,如图片框、图像框、形状等,也可以绘制自己的图形图像,并用文本框、标签等进行说明。一个漂亮的封面制作之后,需要把这个封面进行载入,并在封面窗体载入一段时间后,让主窗体载入的同时必须自动卸出封面。

如何将一个窗体作为系统的启动画面即系统封面呢?主要介绍三种方法。

10.1.1 自然顺序法创建系统封面

自然顺序法就是将在创建工程时的第一个窗体作为系统封面,因为在创建一个新工程中,无论如何,第一次创建的窗体在工程运行期间最先出现,除非进行人为的控制,一般将它设置为系统封面,其他窗体作为加密、主窗体、或者其他功能的窗体。

创建过程如下:

① 选择一个标准的 EXE 工程,出现一个集成开发环境和一个空白窗体 Form1。在窗体 Form1 中添加一个标签和一个计时器,并设置相应属性,窗体布局如图 10.1 所示。

② 在工程里添加另外一个窗体 Form2,并在 Form2 中放一个按钮,并设置相应属性,窗体布局如图 10.2 所示。

图 10.1　窗体 Form1 的布局　　　　图 10.2　窗体 Form2 的布局

③ 编写 Form1 的 Load 事件过程如下:

```
Private Sub Form_Load()
Facefrm.Picture = LoadPicture("E:\教学\VB\教材\格式图片\Jpg\Flower2.jpg")
Timer1.Enabled = True
End Sub
```

第10章 Visual Basic 应用系统开发及集成

说明：利用窗体1的Load事件来调用计时器，并让窗体载入一幅漂亮的图片。

④ 编写Timer1的事件过程如下：

```
Private Sub Timer1_Timer()
Static n As Integer
If Label1.Left + Label1.Width < 0 Then
Label1.Left = Facefrm.Width
Else
Label1.Left = Label1.Left - 100
End If
n = n + 1
If n >= 10 Then
Timer1.Enabled = False
Facefrm..Hide
Mainfrm.Show
End If
End Sub
```

说明：通过计时器的Timer事件，控制窗体1里的一个标签的标题来实现文字滚动见图10.3，并且利用一个静态变量n来计时，计数到10时，也就是1S之后显示窗体2，隐藏窗体1。

图10.3 工程启动后的封面图

⑤ 编写命令按钮事件过程如下：

```
Private Sub command1_click()
Unload Me
Unload Facefrm
End Sub
```

说明：作为演示，窗体 2 非常简单，窗体 2 是系统的主窗体，在系统运行时需要关闭。关闭主窗体的同时需要关闭启动窗体，因为在前面启动窗体 2 的过程中，系统一直启动窗体 Form1，只是其一直处于隐藏状态。因此在窗体 2 中的命令按钮的事件中需要把窗体 1 也关闭，运行结果如图 10.4 所示。

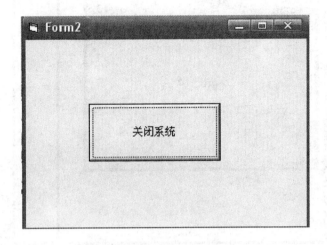

图 10.4　封面运行后启动窗体 2

10.1.2　人工控制法创建系统封面

上节按照创建窗体时窗体出现的顺序将第一个窗体作为系统的启动封面。在一个工程中往往存在多个窗体，当希望用其他窗体作为启动窗体，如用第二个窗体作为启动窗体，第三个窗体作为主窗体时该如何做呢？这就是本节要介绍的人工控制法所要解决的问题。下面以一个实例来进行说明。

首先创建一个工程，然后在工程中创建三个窗体 Form1、Form2 和 Form3，用第 2 个窗体作为系统的启动窗体，第 3 个窗体作为系统主界面，具体过程如下：

① 启动 Visual Basic 6.0 并创建工程，出现第 1 个窗体 Form1。再在菜单"工程"→"添加窗体"下增加两个窗体 Form2 和 Form3，如图 10.5 所示。

在图 10.5 中，一个工程中有三个窗体，系统默认的启动窗体为 Form1，即在工程运行时第一个出现的是 Form1，但是我们需要第 2 个窗体作为启动窗体，并将第 3 个窗体作为系统的主窗体，操作如下：

② 执行"工程"→"工程 1 属性"命令，打开工程管理器，如图 10.6 所示。

第10章 Visual Basic 应用系统开发及集成

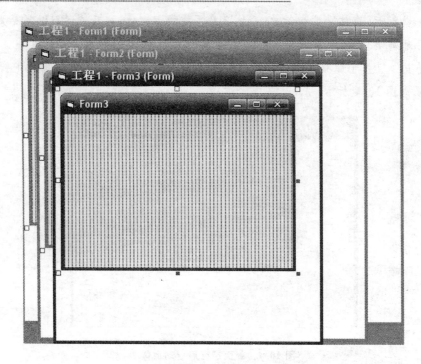

图 10.5 添加窗体 Form2 和 Form3

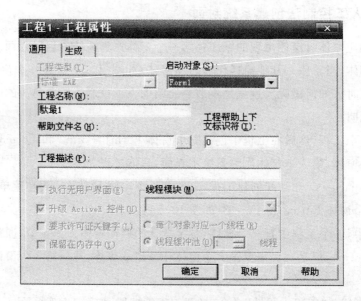

图 10.6 工程管理对话框

在工程属性对话框中,选择"通用"选项卡,在"启动对象"下拉列表框中选择 Form2,这样就可以把窗体 2 设置为启动窗体。同时在第 2 个窗体中通过编程调用 Form1 和 Form3,如图 10.7 所示。

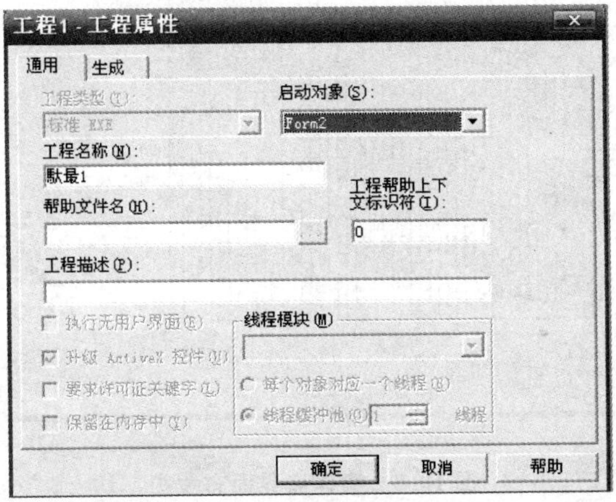

图 10.7 设置窗体 2 为启动窗体

③ 在 Form2 中添加一个标签和 1 个计时器,窗体布局如图 10.8 所示,并设置相应的属性如表 10-1 所列。

表 10-1 窗体 Form2 中的属性设置

对象名称	属 性	属性值	作 用
Form2	Contron Box	False	窗体运行时关闭按钮不可用
	Caption	(置空)	窗体无标题
	MaxButton	False	无最大化按钮
	MinButton	False	无最小化按钮
	Name	Facefrm	窗体名称
	BorderStyler	1	固定单线边界
Label1	BackStyle	0—transparent	透明标签
	Caption	欢迎进入魔方系统	标签标题
	ForeColor	&H0000FF00&	设置文字颜色
	Font	华文、斜体、24	字体、字形和字号
Timer1	Interval	100	间隔时间 1/10s
Form3	Name	Mainfrm	窗体名称
Button1	Caption	关闭系统	按钮标题

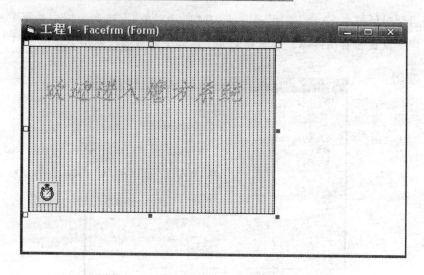

图 10.8　窗体 2 界面布置图

④ 在窗体 3 中放入命令按钮 Button1，窗体 3 的界面布局如图 10.9 所示。

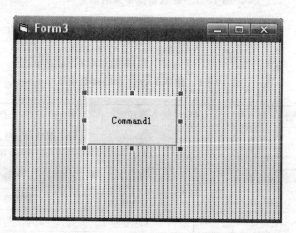

图 10.9　窗体 3 界面布置图

⑤ 编写窗体 2 的 Load 事件过程如下：

Private Sub Form_Load()
Facefrm.Picture = LoadPicture("E:\教学\VB\教材\格式图片\Jpg\J541.jpg")
Timer1.Enabled = True
End Sub

说明：利用窗体 2 的 Load 事件来调用计时器，并让窗体载入一幅漂亮的图片。

⑥ 编写 Timer1 的事件过程如下：

```
Private Sub Timer1_Timer()
Static n As Integer
If Label1.Left + Label1.Width < 0 Then
Label1.Left = Facefrm.Width
Else
Label1.Left = Label1.Left - 100
End If
n = n + 1
If n >= 10 Then
Timer1.Enabled = False
Facefrm.Hide
Mainfrm.Show
End If
End Sub
```

说明：通过计时器的 Timer 事件，控制窗体 2 里的一个标签的标题来实现文字滚动，如图 10.10 所示，并且利用一个静态变量 n 来计时，计数到 10 时，也就是 1 s 之后显示窗体 3，隐藏窗体 2。

图 10.10　系统的启动界面

⑦ 编写命令按钮事件如下：

```
Private Sub command1_click()
Unload Me
Unload Facefrm
```

```
Unload form1
End Sub
```

说明：窗体2是系统的启动窗体，在运行期间利用 Timer1 控件来隐藏并显示主窗体。在主窗体关闭时需要关闭所有的窗体，运行结果如图 10.11 所示。

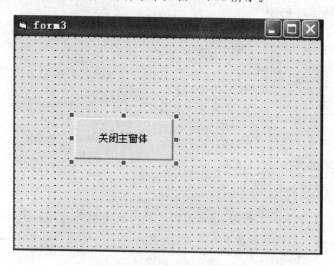

图 10.11 封面运行后启动窗体

10.2 软件打包与安装

VB 程序编写、调试、运行正常后，需要进行制作发布程序，利用 VB 开发的程序发布方法相对比较简单。为了避免出现动态链接库文件比系统的旧，而导致无法正常安装的问题，可以在 Windows 系统下打包发布调试好的程序。

利用 Package&Deployment 向导，用打包和展开工具为用 VB 开发的任何类型的应用程序创建安装软件包。

10.2.1 软件打包

打开 Package&Deployment 向导如图 10.12 所示。

创建安装包步骤如下：

① 在选择工程中选择一个项目文件，如图 10.13 所示。

单击"打包"按钮，如文件未被编译，向导程序会要求编译应用程序，此时单击"编译"按钮，如图 10.14 所示。

② 编译完成后，在"包类型"列表框中选择"标准安装包"类型，并单击"下一步"按钮。

第 10 章　Visual Basic 应用系统开发及集成

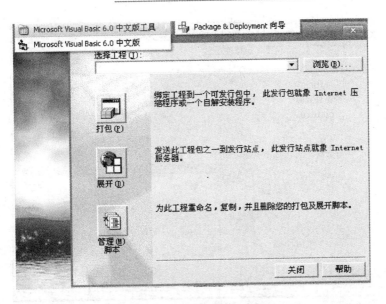

图 10.12　打包和展开向导界面

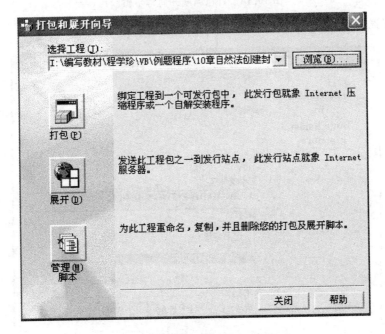

图 10.13　打包和展开向导步骤(1)

第 10 章 Visual Basic 应用系统开发及集成

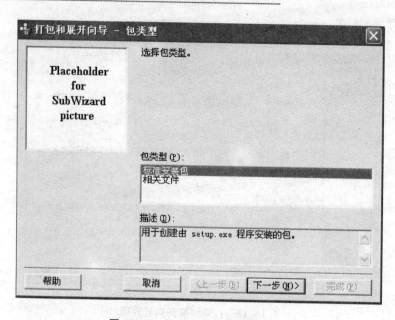

图 10.14　打包和展开向导步骤(2)

③ 指出放置向导程序创建的安装文件的目录,如图 10.15 所示。

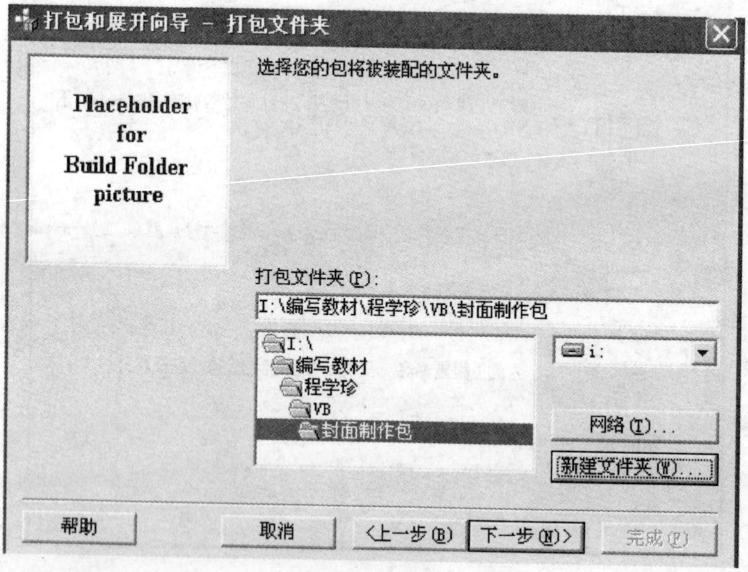

图 10.15　打包和展开向导步骤(3)

④ 列出必须和可执行文件一起安装的很多文件,如果需要包括其他文件(如帮助文件等),可以添加它们,如图 10.16 所示。

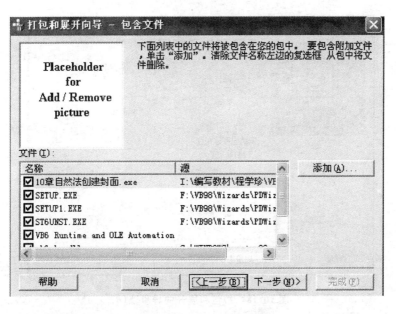

图 10.16　打包和展开向导步骤(4)

⑤ 选择"单个的压缩文件"单选按钮,如图 10.17 所示。

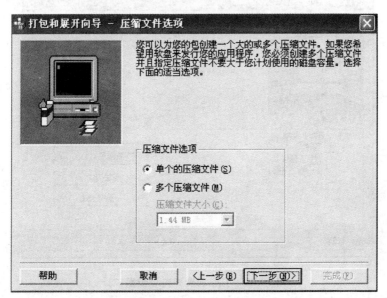

图 10.17　打包和展开向导步骤(5)

⑥ 指定应用程序标题,此标题将在安装时显示,如图 10.18 所示。

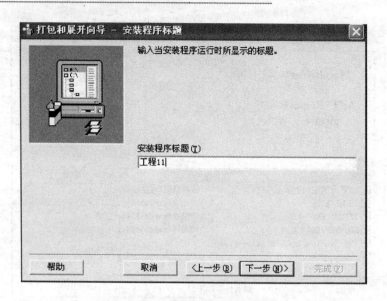

图 10.18　打包和展开向导步骤(6)

⑦ 在"开始"菜单上创建一个组并建立一个启动程序的图标,如图 10.19 所示。

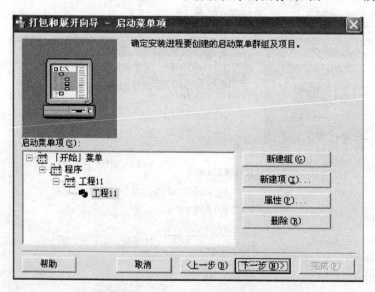

图 10.19　打包和展开向导步骤(7)

⑧ 指定非系统文件的安装位置。所有的系统文件将自动安装在"\Windows\system"目录下,如图 10.20 所示。

⑨ 标记一些文件,如 DLL、OCX。共享文件在应用程序被卸载时会检查这些文件是否删

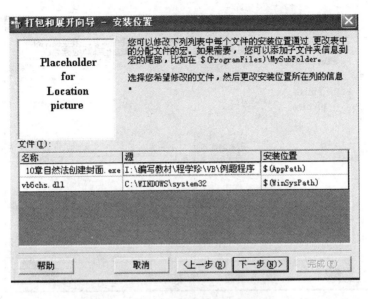

图 10.20　打包和展开向导步骤(8)

除,如图 10.21 所示。

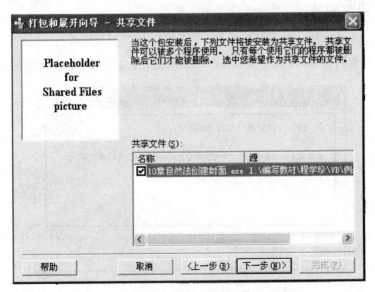

图 10.21　打包和展开向导步骤(9)

⑩ 给脚本指定一个名字,单击"完成"按钮,开始创建安装包,如图 10.22 所示。

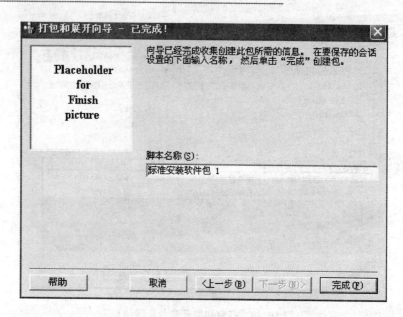

图 10.22　打包和展开向导步骤(10)

10.2.2　程序安装

安装步骤如下：

① 到打包生成的包里，找到文件 setup.exe，双击，弹出如图 10.23 所示的窗口。

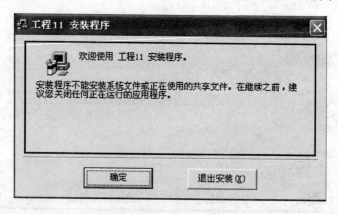

图 10.23　安装步骤(1)

② 更改如图 10.24 所示的目录，得如图 10.25 所示的界面。

③ 单击图 10.25 所示对话框中带有计算机图标的按钮，就可以把软件安装到指定的目录，并可以选择程序组，如图 10.26 所示。

第 10 章 Visual Basic 应用系统开发及集成

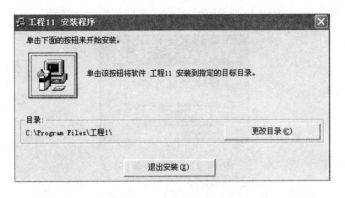

图 10.24 安装步骤(2)

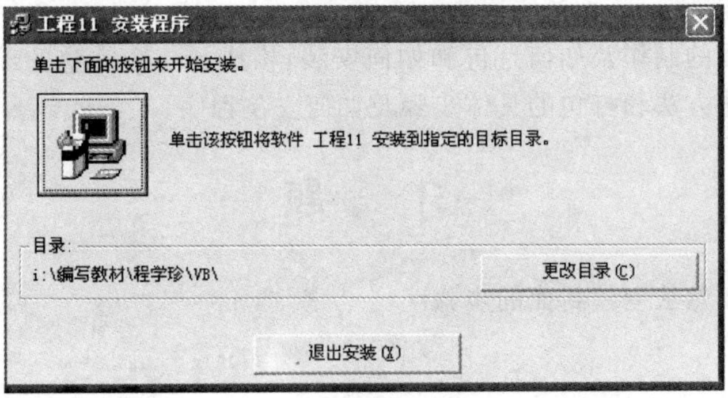

图 10.25 安装步骤(3)

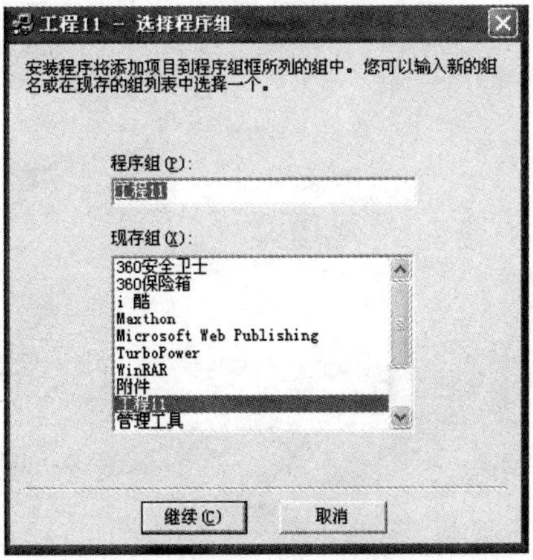

图 10.26 安装步骤(4)

④ 安装成功,弹出成功按钮如图 10.27 所示,并生成可执行文件。

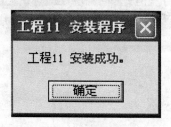

图 10.27　安装步骤(5)

本章小结

本章介绍了封面的制作及如何打包和如何安装,构成了一个完整的 VB 应用系统。主要讲述了两种封面制作方法和打包的具体步骤及如何安装程序。

习　题

10.1　试说明自然法创建封面的步骤。
10.2　打包过程。

附录　ASCII 码表

ASCII 值	控制字符	ASCII 值	控制字符	ASCII 值	控制字符	ASCII 值	控制字符
000	NUL	032	(space)	064	@	096	`
001	SOH	033	!	065	A	097	a
002	STX	034	"	066	B	098	b
003	ETX	035	#	067	C	099	c
004	EOT	036	$	068	D	100	d
005	END	037	%	069	E	101	e
006	ACK	038	&	070	F	102	f
007	BEL	039	'	071	G	103	g
008	BS	040	(	072	H	104	h
009	HT	041	)	073	I	105	i
010	LF	042	*	074	J	106	j
011	VT	043	+	075	K	107	k
012	FF	044	,	076	L	108	l
013	CR	045	-	077	M	109	m
014	SO	046	.	078	N	110	n
015	SI	047	/	079	O	111	o
016	DLE	048	0	080	P	112	p
017	DC1	049	1	081	Q	113	q
018	DC2	050	2	082	R	114	r
019	DC3	051	3	083	S	115	s
020	DC4	052	4	084	T	116	t
021	NAK	053	5	085	U	117	u
022	SYN	054	6	086	V	118	v
023	ETB	055	7	087	W	119	w
024	CAN	056	8	088	X	120	x
025	EM	057	9	089	Y	121	y
026	SUB	058	:	090	Z	122	z
027	ESC	059	;	091	[	123	{
028	FS	060	<	092	\	124		
029	GS	061	=	093	]	125	}
030	RS	062	>	094	^	126	~
031	US	063	?	095	_	127	□

参考文献

[1] 张基温,孔德瑾,孙波. Visual Basic 程序开发例题和题解[M]. 北京:清华大学出版社,2005.

[2] 罗朝盛. Visual Basic 6.0 程序设计基础教程[M]. 北京:人民邮电出版社,2005.

[3] 龚沛曾等. Visual Basic 程序设计教程[M]. 北京:高等教育出版社,2003.

[4] 罗朝盛等. Visual Basic 6.0 程序设计实用教程[M]. 北京:清华大学出版社,2004.

[5] 赵俊岚等. Visual Basic 6.0 循序渐进教程[M]. 北京:高等教育出版社,2003.

[6] 刘炳文. 精通 Visual Basic 6.0 中文版[M]. 北京:电子工业出版社,2000.

[7] 李长林. Visual Basic 串口通信技术与典型实例[M]. 北京:清华大学出版社,2006.

[8] 周褐如,官士鸿. Visual Basic 程序设计教程[M]. 北京:清华大学出版社,2002.

[9] 胡彧,阎宏印. VB 程序设计[M]. 北京:电子工业出版社,2001.

[10] 韩耀军. VB5.0/6.0 程序设计教程[M]. 青岛:青岛出版社.

[11] 曹茂永等. 数字图像处理[M]. 北京:北京大学出版社,2007.

[12] 杨卫平. Visual Basic 程序设计教程[M]. 徐州:中国矿业大学出版社,2007.

[13] Brian Siler、Jeff Spotts 著. Visual Basic 6.0 开发使用手册[M]. 北京:机械工业出版社,1999.

[14] 李淑华. VB 程序设计及应用[M]. 北京:高等教育出版社,2009.

[15] 刘文涛. Visual basic+Access 数据库开发与实例[M]. 北京:清华大学出版社,2006.

[16] 刘玉山,刘宝山. VB 数据库项目设计模块化教程[M]. 北京:机械工业出版社,2009.

[17] 夏邦贵,刘凡馨. Visual Basic6.0 数据库开发经典实例精解[M]. 北京:机械工业出版社,2006.

[18] 李兰友,李玮,白克壮. Visual Basic.Net 图形图像编程与实例详解[M]. 北京:电子工业出版社,2002.

[19] 黄冬梅等. Visual Basic 6.0 程序设计案例教程[M]. 北京:清华大学出版社,2009.